Photoshop 2024 中文版
标准实例教程

万 龙 李 宁 厉小薇 胡仁喜 编著

机械工业出版社

Photoshop 2024 为 Photoshop 家族中的新成员，它在 Photoshop 2023 的基础上改进了移动工具和上下文任务栏，新增的神经网络滤镜插件功能非常强大。

本书从 Photoshop 的基本概念入手，由浅入深，通过大量的精彩实例透彻解析了 Photoshop 图像编辑的强大功能以及图层、通道、路径和动作等在实际中的应用。其中，广告、海报、艺术作品等实例不仅介绍了 Photoshop 的操作技巧，而且讲述了其构思设计过程。相信通过这些实例，读者的艺术与创作灵感会得到一定的启发。

本书内容全面，讲解透彻，实例丰富，适合大、中专院校艺术设计专业作为教材使用，也可作为艺术设计爱好者的自学教材。

本书随书配送了电子资料包，其中包含了全书实例操作过程 AVI 文件和实例源文件。为方便教师授课，电子资料包中还包含了本书 PowerPoint 多媒体电子教案。

图书在版编目（CIP）数据

Photoshop 2024 中文版标准实例教程 / 万龙等编著.
北京：机械工业出版社，2024. 11. --ISBN 978-7-111-76768-8

Ⅰ. TP391.413

中国国家版本馆 CIP 数据核字第 2024LL8128 号

机械工业出版社（北京市百万庄大街 22 号　邮政编码 100037）
策划编辑：黄丽梅　　　　　　责任编辑：黄丽梅　王　珑
责任校对：郑　婕　李小宝　　责任印制：任维东
北京中兴印刷有限公司印刷
2024 年 11 月第 1 版第 1 次印刷
184mm×260mm · 20.5 印张 · 424 千字
标准书号：ISBN 978-7-111-76768-8
定价：79.00 元

电话服务　　　　　　　　网络服务
客服电话：010-88361066　机 工 官 网：www.cmpbook.com
　　　　　010-88379833　机 工 官 博：weibo.com/cmp1952
　　　　　010-68326294　金 书 网：www.golden-book.com
封底无防伪标均为盗版　机工教育服务网：www.cmpedu.com

前　言

Photoshop 是 Adobe 公司推出的非常优秀的平面设计软件，其可操作性和功能的多样化受到了广大平面设计爱好者的广泛赞誉。Photoshop 2024 是 Photoshop 家族中的新成员，其工作界面采用了清新典雅的现代化用户界面，提供了更加顺畅、一致的编辑体验，功能比之前的版本更加强大。

本书旨在揭开 Photoshop 2024 的神秘面纱，并兼顾 Photoshop 基础知识的学习和实践练习两个方面。全书分为 9 章：第 1 章主要介绍了 Photoshop 2024 的工作界面、Photoshop 2024 新增的 3 大功能及图像处理的相关知识；第 2 章主要介绍了 Photoshop 2024 的图像编辑命令和调整图像命令；第 3～6 章分别介绍了图层、通道、路径和动作的基础知识、各种关键操作以及在实际中的应用；第 7 章主要讲解了 Photoshop 自带滤镜和部分精彩外挂滤镜（KPT6.0、Eye Candy4000 等）的功能和用法；第 8 章重点介绍了文字工具及特效字的处理方法；第 9 章主要介绍了 Photoshop 2024 的网络功能，并简要介绍了在网络和动画等方面的应用。其中，每章都有根据该章内容精心设计的实例及其详细的操作步骤，章后的练习题可供读者复习和巩固已学知识。

为了满足学校师生利用本书进行教学的需要，随书配赠了电子资料包，其中包含了全书实例操作过程 AVI 文件和实例源文件，以及专为教师教学准备的 PowerPoint 多媒体电子教案，读者可以登录网盘 https://pan.baidu.com/s/1fCmK-udvlkG4pJ8pCIvn9Q 下载，提取码 swsw。也可以扫描下面二维码下载。

本书内容全面，讲解透彻，实例丰富，适合大、中专院校艺术设计专业作为教材使用，也可作为艺术设计爱好者的自学教材。

本书主要由陆军工程大学石家庄校区的万龙、李宁和厉小薇编写，其中万龙执笔了第 1~4 章，李宁执笔了第 5、6、8 章，厉小薇执笔了第 7、9 章。石家庄三维书屋文化传播有限公司的胡仁喜博士对全书进行了审校。

由于编者水平有限，书中难免有欠缺之处，欢迎广大读者联系 714491436@qq.com 予以指正，也欢迎加入三维书屋图书学习交流群（QQ：512809405）交流探讨。

编　者

目　录

第 1 章　Photoshop 2024 概述

【本章主要内容】

　　Photoshop 作为优秀的专业图形处理软件，在许多领域有着广泛的应用。Photoshop 2024 作为 Photoshop 家族中的新成员，在工作界面和功能上都有一定的改进。本章将简要介绍 Photoshop 2024 新增功能及图像处理的相关知识。

【本章学习重点】

- Photoshop 2024 新增功能
- 图像处理的相关知识

1.1　Photoshop 的应用

　　Photoshop 自从 1990 年问世以来，经过不断地升级，功能越发完善，现已成为集图像编辑和网络功能于一身的、出色的图像处理软件。Photoshop 强大的功能使其在许多领域得到广泛的应用，如使用 Photoshop 设计封面、招贴画、广告、电影海报、绘画和进行艺术创作等。图 1-1 ~ 图 1-6 所示的几幅作品展示了 Photoshop 在实际中的应用。

图 1-2　招贴画设计

图 1-1　封面设计

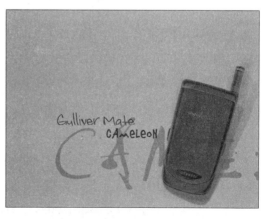

图 1-3　广告设计

图 1-4　电影海报设计

图 1-5　绘画设计

图 1-6　艺术创作

1.2　Photoshop 2024 工作界面

　　Photoshop 2024 是 Photoshop 的新版本。要熟练地使用 Photoshop 2024，首先必须熟悉其工作界面。Photoshop 2024 的工作界面大体可以划分为菜单、工具箱与工具属性栏、控制面板和状态栏等几个部分。

　　Photoshop 2024 的工作界面承袭了 Photoshop 以前版本的特点，其工作界面精美，凹凸有质的立体感赋予了 Photoshop 2024 良好的视觉外观，如图 1-7 所示。

图 1-7　Photoshop 2024 工作界面

1.2.1　菜单

1. 主菜单

　　和其他 Windows 应用软件一样，Photoshop 2024 中具有一个提供主要功能的主菜单。要打开某菜单项，可单击该菜单项或在按下 Alt 键的同时按下中文菜单名后面的英文字母。例如，要打开"编辑（E）"菜单项，可按 Alt+E 组合键。主菜单如图 1-8 所示。

图 1-8　主菜单

打开菜单项后可直接选择要执行的命令，也可在未打开菜单项的情况下按组合快捷键，如要执行图层的向下合并命令，可按 Ctrl+E 组合键。菜单中的暗灰色菜单项表示该命令在当前编辑状态下不可用，可用菜单项会在鼠标指针移至该处时以高亮显示。另外，某些菜单项后跟有"▶"符号，说明该菜单项下还有子菜单，鼠标指针放在该项时其子菜单会自动弹出，如图 1-8 所示。如果某菜单项后跟有"..."，则表示单击该菜单项将打开一个对话框，供用户设置参数，然后才能执行该命令。

菜单栏上共有 12 个主菜单："文件""编辑""图像""图层""文字""选择""滤镜""3D""视图""增效工具""窗口"和"帮助"。各个主菜单中部分重要命令的应用会在后面的章节中进行介绍。

2. 快捷菜单

为了方便操作，Photoshop 2024 还提供了另一类菜单，即快捷菜单，它以右击的方式打开（当然是在有快捷菜单可用的情况下才能打开）。例如，打开一幅图片，在图片中右击，将弹出快捷菜单，如图 1-9 所示。

快捷菜单命令的选择和主菜单命令的选择一样。快捷菜单的目的是方便用户使用，其实，快捷菜单中的大多数命令在主菜单中都能找到。值得注意的是，在不同的编辑状态下，快捷菜单不仅会发生子项可用与不可用的情况，有时菜单中的选项也会不同。例如，在图 1-8 所示的图像中制作一个选区，然后在选区中右击，将弹出新的快捷菜单，与先前的快捷菜单有所不同，如图 1-10 所示。

图 1-9　快捷菜单

图 1-10　制作选区后的快捷菜单

要关闭快捷菜单，可按 Esc 键、Alt 键或 F10 键。在制作好选区的情况下，不能通过单击快捷菜单区域以外的位置来关闭快捷菜单，因为这将取消当前选区，关闭主菜单时也应注意这个问题。利用 Photoshop 2024 提供的快捷菜单，可以提高工作效率。

1.2.2　工具箱与工具属性栏

1. 工具箱

工具箱是 Photoshop 2024 工作界面中非

常重要的组成部分，其外观可为长单条和短双条，如图 1-11 和图 1-12 所示。

工具箱中包含了四十余种工具，包括选择工具、绘图工具、路径工具、颜色设置工具及显示控制工具等。要使用某种工具，只需单击该工具的图标即可。被选择的工具处于下陷状态，颜色上会与其他工具有所不同。要查看工具的名称，可将鼠标指针移至该工具处，稍停片刻，系统将自动显示工具提示，给出名称。将鼠标指针置于某工具上时请注意工具颜色的变化，如图 1-12 所示。

如果稍加注意，就会发现在有些工具的右下角有一个小三角形符号"■"，表示该工具存在一个工具组，其中包括了若干个相关工具。若想选择工具组中的某个工具，可单击该工具组并按住鼠标左键不放，此时会弹出一个包含若干个工具的工具单，从中可以选择想要的工具。例如，单击选择工具组，弹出的工具单如图 1-13 所示。

工具箱中的"快速选择工具" 是魔术棒的快捷版本，可以不用任何快捷键进行加选，按住鼠标左键不放可以像绘画一样选择区域。选项栏也有"新选区" 、"添加到选区" 、"从选区减去" 三种模式可选，使用这些工具快速选择颜色差异大的图像会非常直观、快捷。

Photoshop 2024 设置了工具选择的快捷键，如移动工具的快捷键为 V，橡皮擦的快捷键为 E，快速蒙版的快捷键为 Q 等。

工具箱的下部为前景色和背景色显示区以及特殊功能按钮。

■为前景色和背景色显示区，当前显示

的前景色为黑色，背景色为白色，这是默认值。单击 可切换前景色与背景色。单击 可将前景色和背景色设为默认值（黑白），而不管之前把它们设置为何种颜色。

图 1-11 长　图 1-12 短　图 1-13 工具单
单条　　　　双条

■为编辑模式按钮，默认的是标准模式编辑图像，单击该按钮将变成■。■表示以快速蒙版模式编辑图像。

■为屏幕显示模式按钮组，可按 F 键进行模式切换，依次为标准屏幕模式（即常用模式）、带有菜单栏的全屏幕模式和全屏幕模式。用户可以根据图像的大小自己选择合适的显示模式，以方便工作。

2. 工具属性栏

工具属性栏位于主菜单下面,可通过执行"窗口"→"选项"命令打开或关闭。当选择某个工具后,工具属性栏将显示该工具的相关设置与属性。例如,如果选择了画笔工具,则可利用属性栏设置画笔大小、模式、不透明度和流量等属性,如图 1-14 所示。也可单击属性栏中的"切换画笔设置面板"按钮 到画笔调板中进行设置。

图 1-14　工具属性栏

1.2.3　控制面板

控制面板是非常有用的辅助工具,可以利用控制面板设置工具参数、设置和选择颜色、编辑图像、显示信息等,操作起来非常方便。要显示某控制面板,可先打开"窗口"菜单,然后选择该控制面板名称对应的菜单项即可。

Photoshop 2024 提供了 20 多个控制面板,它们被组合放置在控制面板窗口中,如图 1-15 所示。

图 1-15 所示的组合只是 Photoshop 2024 的默认设置,可以根据需要对它们进行任意分离、移动和组合。移动面板的操作很简单,用鼠标左键按住要移动的面板对应的标签不放,移动鼠标到目标位置即可。如果在对控制面板进行重新组合后想恢复其默认设置,可执行"窗口"→"工作区"→"复位基本功能"命令。

要显示控制面板窗口,可选择"窗口"菜单中的对应面板菜单项;要关闭控制面板窗口,可右击控制面板,选择"关闭",或在"窗口"菜单中单击对应的面板名称。单击控制面板对应的标签,可在控制面板窗口中非常方便地切换各控制面板。

图 1-15　控制面板窗口

提示
按 Shift+Tab 组合键,可在保留工具箱的情况下显示或隐藏所有控制面板;如果仅按 Tab 键,将隐藏工具箱和所用的控制面板。在处理较大的图像,工具箱和控制面板影响对图像的观察时,这些键将派上用场。

下面对"导航器""信息""直方图""颜色""色板""样式""字符"和"段落"控制面板进行简单的介绍，其余控制面板将会在后面的章节中讲解。

1. "导航器"控制面板

"导航器"控制面板用于显示图像的缩略图，如图1-16所示。当图像被放大，超出当前窗口时，可将鼠标指针定位至该控制面板，此时鼠标指针呈手形，按下鼠标左键拖动即可调整图像窗口中显示的图像区域。"导航器"控制面板中的小图为整个图像区域，红色方框为当前显示区域。用户可以设置左下角的百分数来改变图像的显示比例，也可拖动下方的三角形滑块来改变显示比例。百分数越大，图像也会越大，但是过于放大会使图像的显示效果变差。

图1-16　"导航器"控制面板

2. "信息"控制面板

"信息"控制面板用于显示光标所在位置的坐标和颜色值，并在下部显示当前使用的工具或正在进行的操作的提示信息，如图1-17所示。当选用了某些工具进行区域选择或旋转时，还可以显示选区的尺寸和旋转角度。

图1-17　"信息"控制面板

3. "直方图"控制面板

直方图显示的是图像的曝光情况，从左至右黑色柱线的高低依次表示图像暗部到亮部像素数量的多少。图1-18所示为一幅正常曝光图像的直方图，可以看出，该图像具有从亮度到暗部的所有细节，并且没有像素溢出。而图1-19所示直方图显示对应的图像缺少暗部细节，并且高光溢出，即图像的亮部细节已经损失。

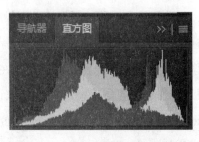

图1-18　正常曝光图像的直方图

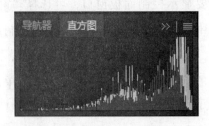

图1-19　缺少图像细节的直方图

利用直方图，用户可方便地观察照片的曝光准确度。直方图还可根据用户的操作动态变化，这有利于用户对自己的操作过程进行精确控制。

4. "颜色"控制面板

"颜色"控制面板用于选择和设置颜色，如图 1-20 所示。该面板显示 R、G、B 的色彩值，可以拖动滑杆上的小三角形滑块改变颜色，也可直接在右方的文本框中输入数值。当鼠标指针移至下方的颜色条时，会自动变为吸管工具，此时可进行颜色采样。面板中两个重叠的正方形区域█分别显示当前选中的前景色和背景色，上面的为前景色，下面的为背景色。

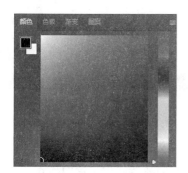

图 1-20　"颜色"控制面板

5. "色板"控制面板

通过"色板"控制面板可直观地选取颜色，如图 1-21 所示。用户只需将鼠标指针置于要选取的颜色块上，鼠标指针将自动变为吸管工具，单击可改变工具箱中的前景色，按住 Alt 键单击可改变背景色。为了方便使用，用户也可以将自己设定的颜色放于该面板中，为此，只需将前景色设置为要存放的颜色，然后单击色板下方的"创建前景色的新色板"按钮█即可。

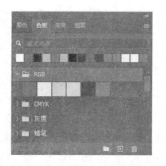

图 1-21　"色板"控制面板

6. "样式"控制面板

"样式"控制面板如图 1-22 所示。利用该面板，可快捷地将保存的图层样式应用到图层中。面板中的小图直观地显示了该样式的效果。如果用户想将某个图层样式运用到图层中，在选中图层后，直接单击该样式即可，这样可以大大减少图像处理的工作量。用户还可以设置个性化的样式。处理完某个图层的效果后，如果此效果今后可能还会用得上，可在选中该图层后单击样式面板中的█按钮将其保存为新的样式。

图 1-22　"样式"控制面板

7. "字符"控制面板

"字符"控制面板如图 1-23 所示。通过此面板，用户可以设置输入的文本的字体、颜色、大小、字间距、行间距和排列方式等属性。

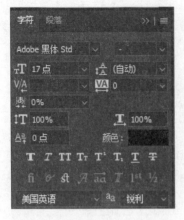

图 1-23 "字符"控制面板

8. "段落"控制面板

"段落"控制面板如图 1-24 所示。通过该面板,可对输入文字的段落进行管理。面板上方的一组按钮用来调整段落中各行的模式,中间一组按钮用来调整段落的对齐方式,右侧的按钮用来控制段落的最后一行是否两端对齐。在中间的文本框中输入数字可调整各种缩进量。最下面的"连字"复选框用来确定文字是否与连字符连接。

图 1-24 "段落"控制面板

提示

单击各控制面板右上角的■按钮,将弹出相应菜单,选择其中的菜单项可以对控制面板进行更多的操作。

1.2.4　状态栏

状态栏位于窗口最底部,它由两部分组成,左侧区域用于显示图像窗口的显示比例,与导航器中的比例相同,用户可输入数值后按 Enter 键来改变显示比例;右侧区域用于显示图像文件信息或系统辅助信息。

单击并按住状态栏中的小三角符号"▶"可打开如图 1-25 所示的菜单。其中部分选项的含义简述如下:

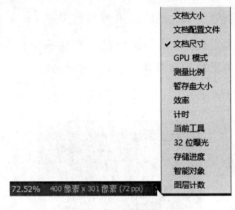

图 1-25　状态栏菜单

(1)文档大小　显示当前文件的大小。其中,左侧的数字表示该图像在不含任何图层和通道等数据的情况下的大小,右侧的数字表示当前图像的全部文件大小,包括图层和 Photoshop 所特有的数据。

(2)文档配置文件　用此方式显示时,状态栏上将显示文档颜色等简要信息。

(3)文档尺寸　用此方式显示时,显示文档的标尺尺寸,如 10 厘米 × 10 厘米。

(4)暂存盘大小　选择此方式,状态栏上将显示两个数字,左侧的数字代表图像文件占用的内存空间,右侧的数字代表计算机可供 Photoshop 使用的内存。

（5）效率　此方式显示 Photoshop 的工作效率。如果该数值经常过低，则表示计算机硬件可能已无法满足要求。

（6）计时　此方式以秒为单位显示执行上一次操作所花费的时间。

（7）当前工具　选择此项后，状态栏上将显示当前所选择的工具。

（8）32 位曝光　该选项用于调整预览图像，以便在计算机显示器上查看 32 位 / 通道高动态范围（HDR）图像的选项。只有当文档窗口显示 HDR 图像时，该选项才可用。

（9）存储进度　选择此项后，保存文档时，状态栏上将显示存储进度。

如果在状态栏的图像文件信息区按住鼠标左键不放，则可以查看图像的宽度、高度、通道和分辨率等信息，如图 1-26 所示。

图 1-26　查看图像信息

1.2.5　调板窗

位于 Photoshop 工作界面右上角的调板窗是从 Photoshop 7.0 开始就有的窗口，用户可以将任意一个控制面板拖放到该窗口中。

Photoshop 2024 默认的调板窗中有"画笔"调板、"工具预设"调板和"图层复合"

调板，其中的"画笔"调板如图 1-27 所示。

图 1-27　"画笔"调板

1.3　Photoshop 2024 新增功能

1.3.1　移除工具

Photoshop 2024 的"移除工具"有一个超级强大的智能更新，那就是"智能填充、智能识别、无须完全涂抹"。以前 Photoshop 版本里的"移除工具"一是不稳定，经常弹出错误提示，不能使用，二是需要"完全涂抹"需要移除的物体，稍微有点费时间。

Photoshop 2024 的"移除工具"既可以稳定流畅使用，不出现任何问题，还无须"完全涂抹"被移除的物体，只需在被移除物体的边缘涂抹，软件即可"自动识别填充"被移除物体，迅速"自动移除"，不仅更加方便省事，而且填充效果更加完美。

例如，在图 1-28 中需要移除的对象周围涂抹画圈之后，1s 之内，涂抹的对象即可神奇地自动移除，移除对象后的图像如图 1-29 所示。

图 1-28 移除对象前的图像

图 1-29 移除对象后的图像

1.3.2 上下文任务栏

Photoshop 2024 的"上下文任务栏"新增了"蒙版"功能的智能识别。也就是说，当用户使用"蒙版"工具的时候，"上下文任务栏"会自动显示跟蒙版相关的工具，供用户增加或减少蒙版选区，非常方便。

如图 1-30 所示，为马儿添加图层蒙版后，"上下文任务栏"立即智能识别，自动显示出跟"蒙版"有关的操作选项，如"从蒙版中去除"和"添加到蒙版"等，可以轻松改变蒙版的作用效果，不需要另外到工具栏中寻找画笔。

1.3.3 Neural Filters 神经网络滤镜

Photoshop 2024 包含了一款名为 Neural Filters 的神经网络滤镜插件。这款插件主要用于图片处理，它具有多种功能，如瘦脸磨皮、

人物表情控制、黑白照片着色、风景融合及色彩转移等。这些功能可以极大地提高工作效率并增强成品效果。

图 1-30 "上下文任务栏"智能识别蒙版

1.4 图像处理的相关知识

计算机处理的都是数字化的信息，图像必须转化为数字图像以后才能被计算机识别并处理。借助计算机数字图像处理技术，可以在 Photoshop 中浏览不同形式的图像，并对它们进行处理，创作出现实世界无法拍摄到的图像。

1.4.1 图像的分类

数字图像可分为两大类：矢量图和点阵图。

1. 矢量图

矢量图是由叫作矢量的数学对象所定义的直线和曲线组成的图形。CorelDRAW、Adobe Illustrator、FreeHand、AutoCAD 等软件可直接绘制矢量图。矢量图根据图形的集合特性进行描述，矢量图要经过大量的数学方程的运算才能生成。矢量图中的各种景物由数学定义的各种几何图形组成，放在特定

位置上并填充特定的颜色，移动、缩放景物或更改景物的颜色不会降低图像的品质，因此在矢量图中将任何图元进行任意放大或缩小，既不会影响图的清晰度和光滑度，也不会影响图的打印质量。矢量图是文字和粗图形的最佳选择，这些图形在缩放到不同大小时都将保持清晰的线条。图 1-31 所示为矢量图原图和放大 10 倍后的图像对比，可以看出放大后的图像没有质量损失。

图 1-31　矢量图放大前后对比

2.点阵图

点阵图即位图，是由许多不同颜色的小方格组成的图像，其中每一个小方格称为像素（pixel）。由于点阵图文件在存储时必须记录画面中每一个像素的位置、色彩等信息，因此占用空间较大（可以达到几兆、几十兆甚至上百兆）。点阵图与分辨率有关。所谓分辨率，即单位长度上像素的数目，其单位为像素 / 英寸（pixels/inch）或像素 / 厘米（pix-els/cm）。相同尺寸的图像，分辨率越高，效果越好。分辨率高的图像打印时能够显现出更细致的色调变化。但是，点阵图毕竟以像素为基础，一幅图的像素是一定的，当把图放大若干倍后，就会看到方格形状的单色像素，因此点阵图不宜过度放大。图 1-32 所示

为点阵图原图和放大 10 倍后的图像对比，可以看出放大后的图像出现了明显的像素颗粒。

提示

点阵图在计算机屏幕上是以像素显示的，因为计算机显示器必须通过在网格上的显示来显示图像。另外，点阵图的色彩不够丰富，而且在各软件之间不易进行转换，这是点阵图的不足之处。

图 1-32　点阵图放大前后对比

1.4.2　图像文件格式

图像文件格式即一幅图像或一个平面设计作品在计算机上的存储方式。Photoshop 支持的图像文件格式很多，这里介绍几种常用的文件格式。

1. PSD、PDD 格式

这两种文件格式是 Photoshop 专用的图像文件格式，它有其他文件格式所不能包括的图层、通道及一些专用信息，这是用 Photo-shop 处理图片时必不可少的元素。另外，在打开和存储这两种格式的文件时，Photoshop 能表现出较快的速度，同时，这两种图像文件格式对图像的质量没有丝毫损伤，因此在使用 Photoshop 处理图片时，如果工作没有完

成，都应该存储为 PSD 或者 PDD 格式。

但是，这两种文件格式有一些缺点，即所占的空间较大，与别的许多软件不通用等。因此，在存储最终作品时，如果没有必要，最好不要用 PSD、PDD 格式。

2. BMP 格式

BMP 英文全称是 Windows Bitmap，它是微软 Paint 的格式，可以被多种软件支持，也可以在个人计算机和苹果机上通用。BMP 格式颜色多达 16 位真彩色，质量上没有损失，但这种格式的文件比较大。

大家对这个格式应该不陌生，Windows 的壁纸就需要用到 BMP 格式的文件。

3. GIF 格式

GIF 英文全称是 Graphics Interchange Format，即图像交换格式。这种格式是一种小型化的文件格式，它只用最多 256 色，即索引色彩，但支持动画，多用在网络传输上。

4. TIF 格式

TIF 英文全称是 Tag Image File Format，即标签图像文件格式。这是一种质量最佳的图像存储方式，它可存储多达 24 个通道的信息。它所包含的有关的图像信息最全，而且几乎所有的专业图形软件都支持这种格式，用户在存储自己的作品时，只要有足够的空间，都应该用这种格式来存储，这样才能保证作品质量没有损失。

这种格式的文件通常被用来在苹果机和个人计算机之间转换，也用来在 3DS 与 Photoshop 之间进行转换。这是平面设计专业领域用得最多的一种存储图像的格式。

当然，这种格式也有缺点，那就是体积太大。

5. JPG 格式

JPG（JPEG）英文全称是 Joint Photographic Experts Group，这是一种压缩图像存储格式。用这种格式存储的图像会有一定的信息损失，但用 Photoshop 存储时可以通过选择"最佳""高""中"和"低" 4 种等级来决定存储 JPG 图像的质量。由于它可以把图片压缩得很小（中等压缩比大约是原 PSD 格式文件的 1/20），一般一幅分辨率为 300dpi 的 5in 图片，用 TIF 存储要用 10MB 左右的空间，而 JPG 只需要 100KB 左右就可以了，所以若用网络传输图片，最好选择这种存储格式。现在几乎所有的数码照相机用的都是这种存储格式。

1.4.3 图像颜色模式

目前，在各种图像文件中常用的颜色模式主要有 RGB、CMYK、灰度、位图、Lab、多通道和 HSB 模式等。在 Photoshop 2024 中，要查看图像的颜色模式或要在各种颜色模式之间进行切换，可打开"图像"→"模式"菜单，进行适当的选择。模式菜单如图 1-33 所示。

图 1-33 模式菜单

下面简要介绍各种颜色模式的特点。

1. RGB 模式

RGB 模式又称"真彩色模式"，是美工设计人员最熟悉的色彩模式。RGB 模式是将红（Red）、绿（Green）、蓝（Blue）三种基本颜色进行颜色加法（加色法），配制出绝大部分肉眼能看到的颜色。Photoshop 将 24 位 RGB 图像看作由三个颜色信息通道（红色通道、绿色通道和蓝色通道）组成。其中，每个通道使用 8 位颜色信息，每种颜色信息由 0 ～ 255 的亮度值来表示。这三个通道通过组合，可以产生 1670 余万种不同的颜色。屏幕的显示基础是 RGB 系统，由于印刷品无法用 RGB 模式来产生各种颜色，所以 RGB 模式多用于视频、多媒体和网页设计。图 1-34 所示为 RGB 模式的图像，图 1-35 所示为"通道"控制面板显示的该图像各通道的颜色信息。

图 1-34　RGB 模式图像

图 1-35　图像各通道的颜色信息

2. CMYK 模式

CMYK 模式是一种印刷模式，其中的 4 个字母分别是指青色（Cyan）、洋红（Magenta）、黄色（Yellow）和黑色（Black），这 4 种颜色通过减色法形成 CMYK 颜色模式，其中的黑色是用来增加对比以弥补 CMY 产生黑度不足之用。在每一个 CMYK 的图像像素中都会被分配到 4 种油墨的百分比值。CMYK 模式在本质上与 RGB 模式没有什么区别，只是在产生色彩的原理上有所不同。

图 1-36 所示为 CMYK 模式的图像，图 1-37 所示为该图像各通道的颜色信息。

图 1-36　CMYK 模式图像

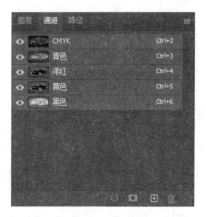

图 1-37　图像各通道的颜色信息

> **提示**
>
> RGB 模式一般用于图像处理，而 CMYK 模式一般只用于印刷。因为 CMYK 模式的文件较大，会占用更多的系统资源，而且在这种模式下，Photoshop 提供的很多滤镜都不能使用，因此只在印刷时才将图像转换为 CMYK 模式。

3. 灰度模式

灰度模式是 Photoshop 处理图像的过程中广泛运用的一种模式。

灰度图像中只有灰度颜色而没有彩色，其每个像素都以 8 位、16 位或 32 位表示，介于黑色与白色之间的 256（$2^8 = 256$）、64K（$2^{16} = 64K$）或 4G（$2^{32} = 4G$）种灰度中的一种。Photoshop 将灰度图像看成只有一种颜色通道的数字图像。要设置灰度级别，可选择"图像"→"模式"中的"8 位 / 通道""16 位 / 通道"或"32 位 / 通道"。图 1-38 所示为 8 位的灰度图像。

图 1-38　8 位的灰度图像

4. 位图模式

位图模式又称线画稿模式。位图模式图像的每个像素仅以 1 位表示，即其强度要么为 0，要么为 1，分别对应颜色的黑与白。在将一幅彩色图像转换为位图图像时，应首先

将其转换为 256 级灰度图像，然后才能将其转换为位图图像。在灰度图像转换为位图图像时，系统将打开图 1-39 所示的对话框。用户可通过该对话框选择输出图像的分辨率和转换方法。各转换方法的含义如下（均用图 1-38 所示的灰度图像转换）：

图 1-39　"位图"对话框

1）50% 阈值：由灰度值 128 一分为二，高于 128 为白色，低于 128 为黑色，此时产生黑白分明的图像轮廓。50% 阈值效果如图 1-40 所示。

图 1-40　50% 阈值效果

2）图案仿色：通过叠加一些几何图形来显示灰度，产生较丰富的层次感。图案仿色效果如图 1-41 所示。

图 1-41　图案仿色效果

3）扩散仿色：从图像左上角的第一个像素开始对灰度值求偏差，高于 128 为白色，低于 128 为黑色。这种算法能较好地保持源图像信息。扩散仿色效果如图 1-42 所示。

图 1-42　扩散仿色效果

4）半调网屏：以半色调网点的方式产生黑白图像。用户可选择频率、角度、网眼形状来进行转换。半调网屏效果如图 1-43 所示。

图 1-43　半调网屏效果

5）自定图案：以自定义的底纹在黑白图像中模拟灰度成分。选择如图 1-38 所示的图案进行变换，结果如图 1-44 所示，感觉似乎是在一面暗墙上画有一只金钱豹。这样可以利用设定的图案制作各种各样特殊的效果。

5. Lab 模式

Lab 模式是以一个亮度分量 L（Lightness）以及两个颜色分量 a 与 b 来表示颜色的。

a 分量代表由绿色到红色的光谱变化，而 b 分量代表由蓝色到黄色的光谱变化。通常情况下，Lab 模式很少使用。该模式是 Photoshop 的内部颜色模式，它是图像由 RGB 模式转换为 CMYK 模式的中间模式。

图 1-44　自定图案（砖墙）效果

6. 多通道模式

选中多通道模式后，系统将根据源图像产生相同数目的新通道，但该模式下的每个通道都为 256 级灰度通道（其组合仍为彩色）。这种显示模式通常被用于处理特殊打印，如将某一灰度图形以特别颜色打印。如果 RGB、CMYK 或 Lab 模式中的某个通道被删除了，图像会自动转换为多通道模式。

7. HSB 模式

HSB 模式是利用色相（Hue）、饱和度（Saturation）和亮度（Brightness）三种基本矢量来表示颜色的。在 Photoshop 中，用户不能将其他模式转换为 HSB 模式，因为 Photoshop 不直接支持这种模式，它只是提供了一个调色板而已，用户只能利用该模式辅助调整图像颜色。单击"颜色"控制面板右上角的▤按钮，然后在弹出的下拉菜单中选择"HSB 滑块"按钮，即可调用 HSB 模式，拖动滑块可以修改 HSB 的颜色值。

1.4.4　图像处理专业词汇

在使用 Photoshop 的过程中经常会遇到一些关于图像的专业词汇，了解这些专业词汇将有助于更好地把握图像处理的技巧。下面介绍几个常用的专业词汇。

1. 色调

色调表示光的颜色，它取决于光的波长，和光的频率直接有关。频率越高的光，视觉感觉越冷，称之为冷色调；反之频率越低的光，视觉感觉越暖，称之为暖色调。

2. 饱和度

饱和度表示光的彩色深浅度或鲜艳度，取决于彩色中的白色光含量。白光含量越高，彩色光含量就越低，色彩饱和度即越低，反之亦然。其数值为百分比，介于 0 ~ 100% 之间。纯白光的色彩饱和度为 0，而纯彩色光的饱和度则为 100%。

3. 对比度

对比度是屏幕上同一点最亮时（白色）与最暗时（黑色）的亮度的比值。高的对比度意味着相对较高的亮度和呈现颜色的艳丽程度。

4. 亮度

亮度和对比度有些相似，都是用来表示一幅图像中明暗区域的相互关系，不同的是亮度主要用来表示明暗色调间的平衡，也就是明暗色调间的强度，而对比度决定的是明暗层次的数目。

5. 色域

色域是指颜色系统能够显示或打印的颜色范围。人的肉眼所能看到的颜色范围要比所有颜色模型所能表示的色域宽得多。

在颜色模式中，Lab 模式所能表示的色域最大，完全涵盖了 RGB 与 CMYK 色域。而 CMYK 模式所能表示的色域最小，它只包含那些可以打印的颜色。

当某些颜色无法被显示或打印时，它们被称为溢出颜色，这表示它们超出了 CMYK 色域。

在 Photoshop 2024 中打开如图 1-45 所示的"拾色器"对话框（在工具箱中单击前景色或背景色小方框），当选取的颜色超过选定的 CMYK 色域时，系统将会给出一个警告标记⚠。单击该标记，系统将自动选取一种与该颜色最相近的颜色。当选取的某种颜色未在 Web 调色板中时，系统也将给出一个 Web 调色板警告标记⬚。同样，单击该标记，系统将自动选取一种与该颜色最相近的 Web 调色板颜色。

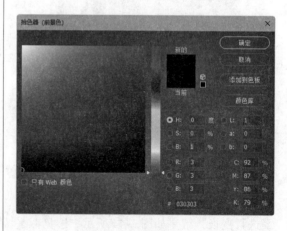

图 1-45　"拾色器"对话框

注 意 图 1-45 中 RGB、CMYK、HSB、Lab 颜色模式的各个分量的值，特别是在实际操作过程中，选取不同颜色时各值的变化，可以大概了解其变化规律。

> **提示**
>
> 溢色是对选定的颜色方案而言的。在 Photoshop 2024 中，用户可通过执行"编辑"→"颜色设置"命令打开"颜色设置"对话框，然后在该对话框中选择所使用的 RGB、CMYK、Web 等颜色方案。

要查看 RGB 等非 CMYK 模式的图像的溢色情况，可执行"视图"→"色域警告"命令，此时溢色区域将以灰色显示，如图 1-46b 所示。

a) 原图

b) 灰色显示

图 1-46　图像的溢色

6. 像素

像素（pixel）是最小的图像单元，这种最小的图像单元在屏幕上的显示通常是单个的染色点。

像素是图像中不可分割的元素，即它是位图最小的表示单位。每幅位图均由若干像素组合而成，像素越多，图像越逼真。每个像素都有自己特定的颜色值，像素颜色值改变的宏观表现就是图像颜色的变化。

记录每个像素所占有的存储空间决定了图像的色彩丰富程度。例如，假定每个像素占用 1 位，其值只能为 0 或 1，则图像只能有两种颜色（黑或白）；如果每个像素占用 8 位，其值可在 0 ~ 255 之间变化，则图像可有 256 种颜色（通常所说的灰度图）。

7. 分辨率

（1）图像分辨率　指打印图像时，在每个单位上打印的像素数，通常以"像素 / 英寸"（ppi）来衡量。

（2）显示器分辨率　指在显示器中每单位长度显示的像素或点数，通常以"点数 / 英寸"（dpi）来衡量。显示器的分辨率依赖于显示器尺寸与像素设置，从计算机显示器的典型分辨率通常为 96dpi，Mac OS 显示器的典型分辨率通常为 72dpi。

（3）打印机分辨率　与显示器分辨率类似，打印机分辨率也以"点数 / 英寸"来衡量。如果打印机的分辨率为 300 ~ 600dpi，则图像的分辨率最好为 72 ~ 150ppi；如果打印机的分辨率为 1200dpi 或更高，则图像的分辨率最好为 200 ~ 300ppi。

通常情况下，如果希望图像仅用于显示，可将其分辨率设置为 72ppi 或 96ppi（与显示器分辨率相同）；如果希望图像用于印刷输出，则应将其分辨率设置为 300ppi 或更高。

第 2 章　Photoshop 2024 图像编辑与调整基础

【本章主要内容】

　　Photoshop 2024 有着非常强大的图像编辑功能，丰富的操作命令使得用户可以对图像随心所欲地进行处理。本章将着重介绍 Photoshop 2024 的部分重要图像编辑功能和图像调整命令。

【本章学习重点】

- 图像编辑
- 图像调整命令

2.1　Photoshop 2024 图像编辑

2.1.1　制作选区

　　制作选区是 Photoshop 非常重要的操作之一，因为在通常情况下，Photoshop 的各种编辑操作只对当前选区内的图像区域有效，选区的精确与否直接关系到处理图像的质量。例如，希望将一幅图像中人的眼睛变亮，而其他部分不变，这就需要首先选择眼睛部位，然后按要求进行处理。

　　1. 利用工具箱制作选区

　　Photoshop 2024 的工具箱中提供了制作选区的各种工具，如图 2-1 所示。

　　用"矩形选框工具"和"椭圆选框工具"可制作任意的矩形和椭圆形选区，如果同时按下 Shift 键，选区将被约束为正方形和圆形，如图 2-2 所示。

图 2-1　制作选区工具

图 2-2　将选区约束为正方形和圆形

　　"单行选框工具"和"单列选框工具"制作的选区宽度均为 1 个像素。

　　"套索工具"和"多边形套索工具"允许用户手工绘制选区，结果分别如图 2-3 和图 2-4 所示。

18

图 2-3　使用"套索工具"制作选区　　图 2-4　使用"多边形套索工具"制作选区

"套索工具"和"多边形套索工具"使用时受人为因素的影响较大，往往不能很精确地选择图像区域，而"磁性套索工具"则能自动分析图像边缘，从而较精确地选择图像。"磁性套索工具"属性栏如图 2-5 所示。

图 2-5　"磁性套索工具"属性栏

"磁性套索工具"属性栏中部分选项的含义说明如下：

（1）"宽度"文本框　变化范围为 1 ～ 40，值越小，工具自动检测边缘宽度的范围越小。

（2）"对比度"文本框　变化范围为 1% ～ 100%，值越大，对比度越大，边界定位也就越准确。

（3）"频率"文本框　变化范围为 0 ～ 100，值越大，在定位边界时产生的节点越多。

"磁性套索工具"的使用方法是：在图像窗口中单击确定选区起点，然后释放鼠标，并沿要定义的边界移动鼠标，当鼠标回到起点时，工具图形右下方会出现一小圆圈，此时单击即可得到闭合选区。使用"磁性套索工具"定义选区如图 2-6 所示。

图 2-6　使用"磁性套索工具"定义选区

提示
只有在要选择图像的边界较明显时才可使用"磁性套索工具"。在沿边界移动的过程中，如果系统自动产生的节点不够精确，可按 Delete 键删除最近的节点，然后在边界单击手工定义节点。

"魔棒工具"用于自动定义颜色相近的区域。当一幅图像中的某些部分颜色相近，而又希望选择该区域时，可用"魔棒工具"进行选择。"魔棒工具"属性栏如图 2-7 所示。在该工具属性栏中可设置相关参数。

图 2-7　"魔棒工具"属性栏

（1）"取样大小"下拉列表　用于设置默认选区大小。"取样点"为默认设置，即表示选取颜色精确到一个像素，鼠标的位置即为当前选取的颜色；"3×3 平均"表示以 3×3 个像素的平均值来选取颜色，其他选项依此类推。

（2）"容差"文本框 用于设置颜色选取范围，其值可为 0～255。值越小，选取的颜色越接近。

（3）"连续"复选框 选中该复选框，表示仅选取连续的区域；取消选择该复选框，系统将对整个图像进行分析，然后选取与单击点颜色相近的全部区域，这与选取了一小部分区域后执行"选择"→"选取相似"命令的作用相同。

（4）"对所有图层取样"复选框 用于确定是否对当前显示的所有图层统一进行分析。

要选取上面图中的除老鹰以外的蓝色部分，即可利用"魔棒工具"，设置"容差"为 50（因为图中的蓝色并不是很均匀），在蓝色区域中单击，选择结果如图 2-8 所示。

图 2-8 用"魔棒工具"选取蓝色区域

任何选择工具的属性栏中都有一排 ▣▫▫▫ 按钮，从左至右各按钮的含义分别为"新选区""添加到选区""从选区减去"及"与选区交叉"。

选择工具的属性栏中（"魔棒工具"除外）还有一个"羽化"文本框，用户可在此文本框中设置选区的羽化参数（注意：只有在制作选区前设置羽化参数才有效）。如果要羽化已经制作好的选区，可执行"选择"→"修改"→"羽化"命令，打开"羽

化选区"对话框进行设置。对选区进行羽化的效果如图 2-9 所示。

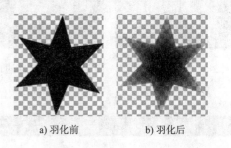

a) 羽化前　　　　b) 羽化后

图 2-9 羽化选区的效果

如果选中属性栏中的"消除锯齿"复选框，Photoshop 会在锯齿之间填入介于边缘和背景的中间色调的颜色，从而使锯齿的硬边变得较为平滑。

提示

要取消选区，可按 Ctrl+D 组合键，或在选中选择工具的情况下在图像中单击。

2. 利用"色彩范围"命令制作选区

执行"选择"→"色彩范围"命令，将打开如图 2-10 所示的"色彩范围"对话框，用户可通过在图像窗口中指定颜色来定义选区，并可通过指定其他颜色来增加或减少选区。对话框中部分选项和工具的含义如下：

（1）"选择"下拉列表 用户可从中选择选区定义方式。默认情况下，系统是根据样本色进行选择的。当用户将鼠标指针移至图像窗口或预览窗口时，鼠标指针会变为吸管状 🖊，单击即可指定样本色，此时还可通过拖动颜色容差滑块调整颜色选取范围。选择溢色方式，可将无法印刷出的颜色区选出来。

（2）"检测人脸"复选框 在"选择"下拉列表中选中"肤色"后，选中"检测人脸"

复选框，Photoshop 将自动识别图像中符合
"人脸"标准的区域，排除无关区域，使得对
人脸的选择更加准确。

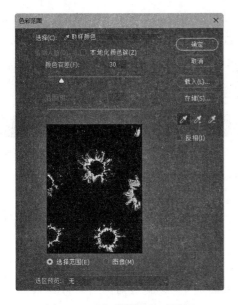

图 2-10　"色彩范围"对话框

（3）"本地化颜色簇"复选框　在图像中
选择多个颜色范围时，选中该复选框可以构
建更加精确的蒙版。

（4）"颜色容差"文本框　用于在使用样
本色选取时指定颜色范围。

（5）"范围"文本框　选中"本地化颜色
簇"后，使用"范围"滑块可以控制要包含
在蒙版中的与取样点的最大和最小距离。

（6）"选择范围／图像"单选按钮　用于
指定预览窗口中图像的显示方式。

（7）"选区预览"下拉列表　用于指定图
像窗口中的图像预览方式。

（8）"反相"复选框　选中该复选框可反
转选区，和执行"选择"→"反选"命令含
义相同。

（9）按钮　在使用样本色进

行区域选择时，单击不同的按钮可确定选
区的增减方式。从左至右依次为"制作新选
区""增加选区"和"减少选区"。

下面通过一个实例来说明使用"色彩范
围"对话框制作选区的方法。

1）打开一幅花瓣图，如图 2-11 所示。
这里选取紫色和黄色花瓣区域。

图 2-11　打开图像

2）首先选取紫色花瓣区域。打开"色
彩范围"对话框，颜色容差初始值为 30，预
览图显示选取范围，在图像窗口的紫色花瓣
上单击，通过取样本色进行选取，结果如
图 2-10 所示。

3）可以看出，选取范围不够理想。调整
颜色容差值到 90，效果如图 2-12 所示。

4）选取黄色花瓣。单击按钮，即
在原选区上增加选区。同样对颜色取样，
在图像窗口的黄色花瓣上单击，结果如
图 2-13 所示。

5）单击"确定"按钮。制作完成的选区
如图 2-14 所示。

图 2-12　调整颜色容差值到 90

图 2-13　增加黄色花瓣选区

图 2-14　制作完成的选区

3.选区的调整

（1）移动选区　将鼠标指针移至选区，将会变为 形状，此时单击并拖动鼠标左键即可移动选区。如果在移动时按下 Shift 键，则只能将选区沿水平、竖直或 45° 方向移动；如果在移动时按下 Ctrl 键，则可移动选区中的图像。

提示
也可使用键盘上的上、下、左、右键移动选区和图像。

（2）修改选区　"选择"→"修改"子菜单中有以下 4 个选区修改命令：

1）边界：可沿当前选区边界制作边界形状选区，边界的宽度可为 1～64 像素。选区扩边效果如图 2-15 所示。

图 2-15　选区扩边效果

2）平滑：该命令可使选区的边界趋于平滑，如直角变为圆角。"平滑选区"对话框中的"取样半径"越大，边界越平滑。平滑选区参数设置及效果如图 2-16 所示。

3）扩展：此命令会使选区向外扩大指定像素宽度，扩展量可为 1～16 像素。扩展选区效果如图 2-17 所示。

图 2-16　平滑选区参数设置及效果

图 2-17　扩展选区效果

4）收缩：此命令会使选区向内收缩指定像素宽度，收缩量可为 1 ~ 16 像素。收缩选区效果如图 2-18 所示。

图 2-18　收缩选区效果

（3）选区的变换　有时，用各种工具制作的选区并不完全符合要求，需要对其进行调整。Photoshop 提供了变换选区命令，使用户能自由变换选区。

要调整选区，执行"选择"→"变换选区"命令，选区即可进入自由变换状态。若此时在图像中右击，将打开一个如图 2-19a 所示的快捷菜单，可选择其他的变换方式。选区的各种变换方式如图 2-19b ~ f 所示。

另外，快捷菜单中还有"旋转"和"翻转"命令，用户可执行这些命令将图像旋转固定的角度。

在各种变换方式下，均可任意移动选区。

自由变换状态是缩放和旋转的综合，也就是说在这种状态下，既可以缩放选区又可以旋转选区。在缩放选区时，若按下 Shift 键，选区的宽度和高度之比将固定不变。

执行"变换选区"命令时，工具属性栏将如图 2-20 所示。变换四边形的中心有一个 ✣ 符号，它表示旋转中心，把鼠标指针移至该符号附近，将会变为 ▶✥ 形状，此时可拖动 ✣ 到图中任意位置设定旋转中心。如果没有此符号，可以选择编辑菜单栏中首选项的工具，勾选"在使用变换时显示参考点"。

用户可通过在工具属性栏中设置各参数对选区进行移动、缩放、斜切和旋转变形。当选区符合想要的形状后，可单击属性栏最右侧的 ✓ 按钮，或者在选区内双击确定；如果想撤销变换，可单击 ⊘ 按钮或按 Esc 键。单击工具属性栏上的 ⬚ 按钮，可在自由变换和变形模式之间切换，变形模式状态下的工具属性栏如图 2-21 所示，用户可在"变形"下拉列表中选择变形方式，得到特殊效果。

a) 快捷菜单　　　　　　b）缩放变换　　　　　　c) 旋转变换　　　　　　d) 斜切变换

e) 扭曲变换　　　　　　f) 透视变换

图 2-19　选区的各种变换方式

图 2-20　变换选区工具属性栏

图 2-21　变形模式状态下的工具属性栏

（4）选区的载入与存储　当选区制作完成之后，若选区的制作比较复杂，或在后面的操作中还会用到，并要求其精确的形状及位置，可以考虑对其进行存储。

执行"选择"→"存储选区"命令可保存选区，保存后的范围将成为一个蒙版，并显示在"通道"控制面板中。存储选区时可通过"存储选区"对话框进行"文档""通道""名字"等相关设置。当需要时，可以将选区从"通道"控制面板中装载入图像。如图 2-22 所示，选取出鸟的区域，将其存储到新的通道中，此时"通道"控制面板如图 2-23 所示。

要装载存储的选区，可执行"选择"→"载入选区"命令，打开"载入选区"对话框，选择存储选区的通道或蒙版，或者

在按下 Ctrl 键后在"通道"控制面板中单击
要载入的选区所在的通道，或直接单击选区
对应的图层蒙版。另外，也可以载入某个图
层中的图像形状对应的选区，此时按下 Ctrl
键，然后单击该图层即可。图 2-24 所示为在
"图层"控制面板中载入"鹦鹉"图层选区，
按下 Ctrl 键，并将鼠标指针移到名为"0"的
图层上（注意鼠标指针的形状），此时单击，
就能将"鹦鹉"图层选区载入到图像中，结
果如图 2-25 所示。

图 2-25　将"鹦鹉"图层选区载入图像

4. 选区的填充与描边

（1）填充　在选区制作好之后，如果
执行"编辑"→"填充"命令，将弹出如
图 2-26 所示的"填充"对话框。在此对话框
中可设置填充参数，如填充的"内容""模
式"和"不透明度"等。

图 2-22　选取出鸟的区域

图 2-26　"填充"对话框

图 2-23　"通道"控制面板

（2）描边　在选区制作好之后，如果
执行"编辑"→"描边"命令，将弹出如
图 2-27 所示的"描边"对话框。在此对话框
中可设置描边参数，如"宽度""颜色""位
置""模式"和"不透明度"等。

2.1.2　图像变换

在介绍制作选区的过程中讲到了选区的
变换，图像的变换和选区的变换基本相同，

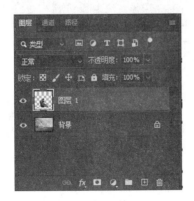

图 2-24　载入"鹦鹉"图层选区

只不过是针对图像。

图 2-27　"描边"对话框

"编辑"→"变换"菜单和选区变换的快捷菜单基本相同，只增加了一条"再次"命令，该命令可重复上一次变换中的操作。例如，在变换中执行了顺时针旋转 15° 的操作，如果在应用变换之前还要将图像顺时针旋转 15°，执行"再次"命令就可方便地实现图像旋转。

通常情况下，变换只对选区内的图像有效。如果没有制作选区，那么变换命令针对的是当前活动图层中的全部图像。

在图像变换的过程中也可右击，在弹出的快捷菜单中选择变换方式。图像的各种变换方式可参见选区变换部分的介绍。

图 2-28 所示为图像变换命令的应用，即在图像中制作出正方形选区，再用斜切等变换命令制作出立方体效果。

图 2-28　图像变换命令的应用

2.1.3　定义图案和画笔

Photoshop 允许用户自己定义图案和画笔，并将其用于填充或绘画。

1.定义图案

用选择工具在图像中选取出要定义为图案的区域，执行"编辑"→"定义图案"命令，将弹出"图案名称"对话框，在对话框中输入新图案的名称，如图 2-29 所示。要使用刚才定义的图案填充图像，可执行"编辑"→"填充"命令，在弹出的"填充"对话框中选择相应的图案，然后单击"确定"按钮。用自定义图案填充图像的效果如图 2-30 所示。

图 2-29　定义图案

2.定义画笔

用选择工具在图像中选取出要定义为画笔的区域，执行"编辑"→"定义画笔预设"命令，将弹出"画笔名称"对话框，在对话框中输入新画笔的名称，如图 2-31 所示。新定义的画笔的使用方法和系统自带画笔的使用方法相同。图 2-32 所示为使用刚才自定义的画笔绘画的效果。

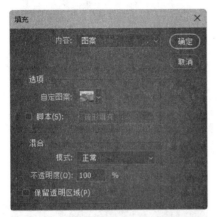

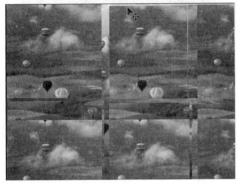

图 2-30　用自定义图案填充图像

图 2-32　使用自定义画笔绘画

2.1.4　调整画布

通常，在一张画板上绘画时，绘画的区域仅限制在画板之内，想在画板以外画图是不可能的。

Photoshop 的画布如同现实世界中的画板，用户对图像的处理几乎都是在画板的可视范围内完成的。但是在处理图像的过程中有时可能会由于图像整体结构的需要，要将图像在宽度或高度上增加或减少一定的尺寸，即对图像的两侧或一侧进行尺寸调整。此时如果用图像调整命令，超出画布范围的部分将无法看到，而且图像可能会被拉伸变形，但对画布进行调整则不存在这样的问题。

执行"图像"→"画布大小"命令，将打开如图 2-33 所示的"画布大小"对话框。

对话框的上半部分显示了当前画布的尺寸及文件大小，下半部分为调整区，用户可在"宽度"和"高度"文本框中输入变化后的画布尺寸，单位可在右侧的下拉列表中进行选择。如果选中"相对"复选框，在"宽度"和"高度"文本框中输入的数值将表示画布的变化量，如图 2-34 所示。在"定位"区域中可设置画布扩展或缩小的方向，如

> **提示**
>
> 如果在定义图案或画笔时未制作选区，则当前活动图层中的整个图像将被定义为图案或画笔。

图 2-31　定义画笔

图 2-33 所示为全方位对称扩展，图 2-34 所示为向下扩展和左右对称扩展。

图 2-33 "画布大小"对话框（一）

图 2-34 "画布大小"对话框（二）

在"画布扩展颜色"下拉列表中可选择填充画布扩展区域的颜色，默认为背景色。用图 2-34 所示对话框中的设置调整图 2-35 所示图像的画布大小，结果如图 2-36 所示。

图 2-35 调整画布大小前的图像

图 2-36 调整画布大小后的图像

另外，还可以进入"图像"→"图像旋转"子菜单，选择适当的命令，以一定的角度旋转画布或水平、垂直翻转画布。

2.1.5 工具箱部分工具介绍

1. 画笔工具

在工具箱中单击 按钮，选择画笔工具。

画笔工具属性栏如图 2-37 所示。

图 2-37 画笔工具属性栏

单击画笔尺寸处的 按钮，将弹出如图 2-38 所示的"画笔尺寸"面板。

可在此面板的文本框中输入数字或通过拖动滑块来改变画笔的"大小"和"硬度"，也可在下面的列表框中选择固定尺寸的画笔或特殊形状的画笔，如草、树叶、五角星以及自己定义的画笔等。单击面板右上角的 ![] 按钮，将打开一个功能扩展菜单，可选择相关菜单项对画笔进行进一步的设置。还可在工具属性栏上设置"模式""不透明度""流量"等参数。单击 ![] 按钮，可在喷枪模式下在图像中进行绘画。单击工具属性栏上的 ![] 按钮，将切换到"画笔"面板，如图 2-39 和图 2-40 所示。在面板中能设置画笔更多有用的属性。

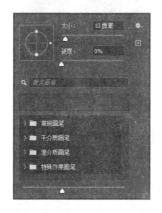

图 2-38　"画笔尺寸"面板

图 2-39　"画笔"面板（一）

选择树叶画笔，在图 2-39 和图 2-40 所示的面板中设置参数，然后在一幅图像中按住鼠标左键不放，从左到右移动鼠标，绘画效果如图 2-41 所示。"画笔"面板中提供的可供设置的画笔属性很多，读者可以自己摸索，了解各属性的作用。

图 2-40　"画笔"面板（二）

图 2-41　使用树叶画笔绘画

画笔工具组中还有一个铅笔工具，它的设置与画笔工具基本相同，这里不再赘述。

2. 历史画笔

Photoshop 2024 工具箱中的艺术画笔是很有特色的工具。通常，用"历史记录"控制面板来恢复图像将使整幅图像恢复到"历史记录"控制面板中记录的某个状态，而使用艺术画笔可将图像中的特定区域恢复到"历史记录"控制面板中记录的某个状态。这在用户想保留图像中部分区域当前的状态，同时又想将其他区域恢复到以前的某个状态时非常有用。

打开如图 2-42 所示的人像图，对其执行"滤镜"→"模糊"→"高斯模糊"命令以及"滤镜库"→"艺术效果"→"壁画"命令，结果如图 2-43 所示。现在将人脸部分恢复到"高斯模糊"前的状态，而其他部分保持不变。操作步骤如下：

图 2-42　人像图　　　图 2-43　壁画效果图

1）在工具箱中选中历史画笔工具，在工具属性栏中设置适当的画笔大小。

2）执行"窗口"→"历史记录"命令，打开"历史记录"控制面板，在"高斯模糊"的上一个步骤"打开"左侧的方框中单击加上历史画笔图标，如图 2-44 所示。

图 2-44　"历史记录"控制面板

3）将鼠标指针移至人脸部位进行绘画（可根据需要适当调整画笔的大小），效果如图 2-45 所示。可以看出，人像的脸部恢复到了执行"高斯模糊"前的状态，其余区域仍处于执行完"壁画"命令后的状态。

图 2-45　对人脸部位使用历史画笔后的效果图

3. 图章工具

Photoshop 2024 有两种图章工具，即图案图章工具和仿制图章工具。

图案图章工具可用于复制选定的图案到指定的区域中，其作用和图案填充命令的作用相似。选中图案图章工具后，工具属性栏如图 2-46 所示。在工具属性栏中可选择要使用的图案，并设置"模式""不透明度""流量""对齐""印象派效果"等属性，设置完成后，即可在选区中使用图案图章绘制图案，如图 2-47 所示。

仿制图章用于将一幅图像的全部或部分复制到同一幅图像或另一幅图像中。下面用一个实例说明其用法。

打开如图 2-48 所示的原图，可以看到一面黄色的墙前面的黑椅上坐了 4 个人。下面

图 2-46　图案图章工具属性栏

用仿制图章工具将最左侧看报纸的人从图中剔除掉，操作步骤如下：

图 2-47　使用图案图章绘制图案

图 2-48　原图

1）在工具箱中选中仿制图章工具 ，在工具属性栏中适当改变画笔大小，然后设置"模式"为"正常"、"不透明度"为 100%、"流量"为 100%，选中"对齐"复选框。要说明的是，选中"对齐"复选框可对图像进行连续复制。

2）按下 Alt 键，鼠标指针变为带十字的两个同心圆，此时在图像的左侧黄色部分单击，设置参考点，如图 2-49 所示。要说明的是，在复制图像的过程中可根据需要重新设置参考点。

3）松开 Alt 键，按住鼠标左键在左侧人的头上开始涂抹并逐渐往下，此时图像中会出现一个十字叉，表示当前的参考位置。可以看到，参考点的样本像素被复制到了鼠标涂抹的位置。适当改变参考点位置，使图中

左侧的人逐渐消失，如图 2-50 所示。

图 2-49　设置参考点

图 2-50　左侧的人逐渐消失

4）注意在涂抹的过程中要不断单击，否则可能会复制连续的图像（和参考点有关位置），包括应该消失的人在内，这不符合要求。

5）将画笔半径调小，对细节进行修饰，使左侧的人完全消失，结果如图 2-51 所示。

图 2-51　左侧的人消失

提示
如果用户在目标区域或目标图像窗口中定义了选区，则仅将图像复制到该选区。

4.渐变工具

利用渐变工具  可方便地制作渐变图案，用鼠标左键在图像中拖动就可在选定的区域内填入具有多种过渡颜色的混合色。这种混合色可以是前景色到背景色的过渡，也可以是背景色到前景色的过渡，或者其他各种颜色的相互过渡，用户可以自己设置混合色。

在工具箱中选中渐变工具 ，此时工具属性栏如图 2-52 所示。

图 2-52　渐变工具属性栏

在左侧"渐变"的下拉列表中选择"经典渐变"，在颜色条上单击，将弹出如图 2-53 所示的"渐变编辑器"对话框。

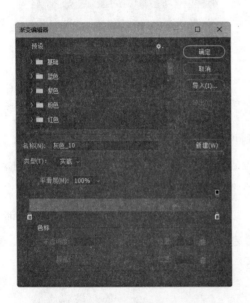

图 2-53　"渐变编辑器"对话框

在"渐变编辑器"对话框中可以对渐变色进行调整，并设置填充渐变色时的各种参数。

单击"预设"选项组中的 按钮，将弹出一个快捷菜单，在该菜单中可选择渐变图案的显示方式（图中为"小缩略图"显示方式）、"追加默认渐变"或"导入渐变"，选择 Photoshop 2024 提供的各种特殊渐变图案。

单击某种渐变图案，下面的渐变颜色条就会显示相应的渐变样式，如果想使选中的渐变图案有所改变，可在渐变颜色条上进行编辑。

渐变颜色条上、下两侧各有一排游标，上方为透明控制游标，用于控制游标所在处的不透明度；下方为颜色游标，用于设置游标所在处的颜色，如图 2-54 所示。在颜色条两侧的适当位置单击可增加游标的数量，而将游标拖出对话框或者选中某个游标后单击下方的"删除"按钮可将其删除。

图 2-54　渐变颜色条及游标

要改变渐变颜色条的颜色或不透明度，只需在选中相应的游标后，在色标区域中设置相关参数即可。也可双击颜色游标，在弹出的"拾色器"对话框中设置颜色。

用户还可根据需要调整颜色或不透明度的过渡位置，方法是单击颜色游标，然后在颜色条的两侧单击过渡标志 并左右拖动，如图 2-55 所示。

图 2-55　调整颜色或不透明度的过渡位置

如果在"类型"下拉列表中选择"杂色"，"渐变编辑器"对话框将变为如图 2-56 所示。

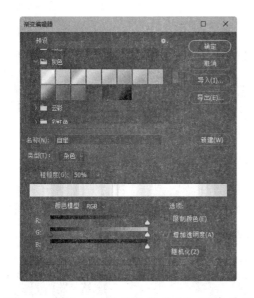

图 2-56　选择"杂色"渐变类型后的"渐变编辑器"对话框

在对话框中进行相关设置可得到不同颜色模式（RGB、HSB、LAB）、不同粗糙度和不同透明度的杂色渐变图案。

单击工具属性栏 按钮组中的按钮可选择渐变方式，从左至右依次为线性渐变、径向渐变、角度渐变、对称渐变和菱形渐变。各种渐变方式的效果如图 2-57 所示。

另外，在渐变工具属性栏还可设置渐变填充"模式""不透明度""反向""仿

色""透明"等参数。

a) 线性　b) 径向　c) 角度　d) 对称　e) 菱形

图 2-57　各种渐变方式效果图

提示

渐变工具不能用于位图和索引颜色模式。在制作渐变图案时，若在拖动时按下 Shift 键，可按 45°、水平或垂直方向产生渐变；拖动的距离越大，渐变图案越显著。

5.减淡工具、加深工具和海绵工具

Photoshop 2024 工具箱中还提供了一组改变图像曝光度和饱和度的工具。

利用减淡工具 和加深工具 可以很容易地改变图像的曝光度，使图像变亮或变暗；利用海绵工具 ，则可以调整图像的饱和度。

和大多数工具一样，在使用这三个工具时，可以在工具属性栏中选择画笔，并设置工具属性。减淡工具和加深工具的属性栏完全相同，如图 2-58 所示。

在"范围"下拉列表中可选择减淡或加深工具所要处理的图像色调区域，有三个选择，即"阴影""中间调"和"高光"，分别对应图像的暗部区域、中间色调区域和亮部区域。

图 2-58　减淡工具和加深工具属性栏

用减淡和加深工具分别对图 2-59 中水果的绿色边缘进行处理，处理效果分别如图 2-60 和图 2-61 所示。

图 2-61　加深工具效果

图 2-59　原图

图 2-62 所示为海绵工具属性栏。可在"模式"下拉列表中选择使用海绵工具的两种模式："加色"模式和"去色"模式。其中，"去色"模式将降低图像颜色的饱和度，使图像中的灰色调增加；"加色"模式可提高图像颜色的饱和度，使图像更加鲜艳。

分别使用"去色"模式和"加色"模式调整图 2-59 所示图像的饱和度，效果分别如图 2-63 和图 2-64 所示。

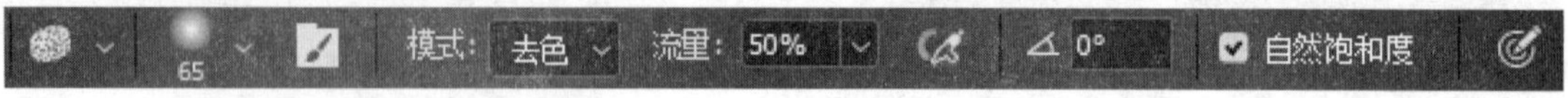

图 2-60　减淡工具效果

图 2-62　海绵工具属性栏

图 2-63　海绵工具的"去色"模式效果

6. 修复工具

修复工具包括修复画笔工具、修补工具、污点修复画笔工具、红眼工具移除工具和内容感知移动工具。

修复画笔工具可用于校正瑕疵，使它们消失在周围的图像中。与仿制图章工具一样，使用修复画笔工具可以利用图像或图案中的样本像素来绘画。不同的是，修复画笔工具将样本像素的纹理、光照、透明度和阴影与所修复的像素进行匹配，从而使修复后的像素不留痕迹地融入图像的其余部分。使用修复画笔工具，同样要先按住 Alt 键在参考位置单击，设置参考点，然后在要修复的

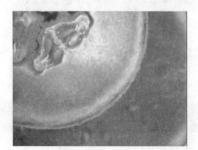

图 2-64　海绵工具的"加色"模式效果

区域单击，或按下并拖动鼠标左键完成修复。图 2-65 所示为使用修复画笔工具修复前后的图像。

图 2-65　使用修复画笔工具修复前后的图像

　　修补工具 是用其他区域或图案中的像素来修复选中的区域。与修复画笔工具一样，修补工具会将样本像素的纹理、光照和阴影与要修复像素进行匹配。使用修补工具修复图像的步骤如下：首先用修补工具选出要修复的区域，然后将鼠标指针移至该区域内，此时鼠标指针变为 形状，拖动选区到参考区域，即可完成修复工作。用修补工具选择的区域越小，修复的效果越好。图 2-66 和图 2-67 所示为使用修补工具修复前后的图像。

图 2-66　使用修补工具修复前的图像

　　污点修复画笔工具可以快速移除照片中的污点和其他不理想部分。污点修复画笔的工作方式与修复画笔类似，它使用图像或图案中的样本像素进行绘画，并将样本像素的

图 2-67　使用修补工具修复后的图像

纹理、光照、透明度和阴影与所修复的像素相匹配。与修复画笔工具不同，污点修复画笔工具不需要用户设置参考点，选择污点修复画笔工具后，直接在要修复的区域点按住并拖动鼠标左键即可完成修复操作，污点修复画笔工具将自动从所修复区域的周围取样。

　　红眼工具 可去除用闪光灯拍摄的人物照片中的红眼，也可以移去用闪光灯拍摄的动物照片中的白色或绿色反光。该工具的使用非常方便，选中红眼工具后在红眼处单击，即可将红眼去除。图 2-68 所示为使用红眼工具去除红眼前后的图像。

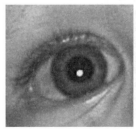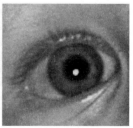

图 2-68　使用红眼工具去除红眼前后的图像

2.1.6　网格、标尺、参考线和测量器

　　Photoshop 的网格可以帮助用户精确定位鼠标位置。执行"视图"→"显示"→"网格"命令可显示网格，如图 2-69 所示。

要想自动寻找网格，可执行"视图"→"对齐到"→"网格"命令，此时无论是制作选区还是移动选区，或者移动图像，系统都会自动寻找网格边缘，使得选区或图像与网格对齐。

图 2-69　显示网格

标尺可以精确显示光标所在位置。按 Ctrl+R 组合键，或者执行"视图"→"标尺"命令可显示标尺，如图 2-70 所示。

图 2-70　显示标尺

参考线主要用于对齐目标。要创建参考线，必须首先显示标尺，然后在标尺上单击并拖动鼠标左键即可。拖动水平标尺可创建水平参考线，拖动垂直标尺可创建垂直参考线。参考线可创建多条，如图 2-71 所示。

选择移动工具✛或按下 Ctrl 键，将鼠标指针移至参考线上，待鼠标指针变为↔形状时，单击并拖动鼠标左键可移动参考线。如果将参考线拖出图像窗口，会删除参考线。如果要保持参考线的固定位置不变，可执行"视图"→"锁定参考线"命令将参考线锁定。

图 2-71　创建参考线

可以利用参考线辅助制作选区。如果要画两个同心圆，可先制作两条相交的参考线，选中椭圆选框工具，将鼠标指针移至参考线交叉点附近，同时按下 Shift 键和 Alt 键，单击并拖动鼠标左键，此时将以参考线交叉点为圆心制作一个圆形选区，暂时将选区描边作为参考，重复上述步骤再制作一个较小的圆形选区，这样就能画同心圆，如图 2-72 所示。

执行"编辑"→"首选项"→"单位与标尺"和"编辑"→"首选项"→"参考线、网格和切片"命令，可打开相应对话框进行标尺的单位、网格的大小、参考线和切片的颜色等设置。

利用工具箱中的标尺工具▦，可以方便地测量任意两点之间的距离和角度。

标尺的使用方法很简单，在工具箱中

选中标尺工具 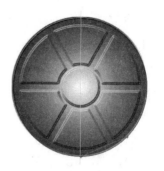 后，在图像中要测量的起点处单击，然后拖动鼠标指针到要测量的终点，则在工具属性栏和"信息"控制面板上将显示测量结果，如图 2-73、图 2-74 和图 2-75 所示。

图 2-73　测量图像

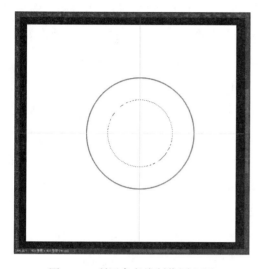

图 2-72　利用参考线制作同心圆

各参数的含义如下：

（1）X、Y　通常情况下显示的是鼠标指针所在位置的坐标。当选中了标尺工具后，显示的是测量起点或终点的坐标。

（2）A、L　测量的两点之间的角度和距离。

（3）W、H　测量的两点之间的水平和垂直方向的距离（分别以向右和向下为正方向）。

图 2-74　工具属性栏

图 2-75　"信息"控制面板

要移动测量线，可将鼠标指针移至测量线上，单击并拖动鼠标左键即可。若将鼠标指针移至测量线端点，并拖动鼠标左键可改变相应测量点的位置。

2.2　用 Photoshop 2024 调整图像

图像调整指的是对图像的色相、饱和度、对比度等的调整。Photoshop 2024 的图像调整命令均集中在"图像"→"调整"菜单中，打开菜单后，可选择相应的命令对图像进行调整。使用这些命令可以调整选中的整个图层的图像或是选取范围内的图像。图像调整菜单如图 2-76 所示。

2.2.1　"色阶"命令

"色阶"命令是 Photoshop 非常重要的

图像调整命令之一。它可以通过调节图像的暗部、中间色调及高光区域的色阶来调整图像的色调范围及色彩平衡。执行"图像"→"调整"→"色阶"命令，打开"色阶"对话框，如图 2-77 所示。

图 2-76　图像调整菜单

图 2-77　"色阶"对话框

对话框中各选项的含义如下：

（1）"通道"下拉列表　在"通道"下拉列表中可选择要调整的通道。对复合通道的调节会影响所有通道。

（2）"输入色阶"文本框　左侧的文本框用于设置图像的暗部色调，低于该值的像素为黑色；中间的文本框用于设置图像的中间色调，即灰度；右侧的文本框用于设置图像亮部色调，高于该值的像素为白色。这三个文本框中的值分别对应了上面直方图中的三个滑块，用户也可以拖动直方图中的小滑块来调整色调（暗部与亮部的调整范围为 0~255，中间调的调整范围为 0.10~9.99）。

（3）"输出色阶"文本框　左侧的文本框用于设置图像的暗部色调，右侧的文本框用于设置亮部色调。但其作用与输入色阶的作用相反，将使较暗的像素变亮，而使较亮的像素变暗。同样，上面有两个滑块对应两个文本框。

（4）"自动"按钮　单击该按钮，可让系统自动调整图像的亮度。这种方法产生的图像对比度较高。调整前后的效果如图 2-78 和图 2-79 所示。

图 2-78　自动调整前图像

图 2-79　自动调整后图像

（5）"吸管"按钮　黑色吸管 用于使图像变暗，选中该吸管，然后在图像中单击，图像中所有像素的亮度值都将被减去单击处的像素的亮度值，从而使图像变暗；白色吸管 用于使图像变亮，选中该吸管，然后在图像中单击，图像中所有像素的亮度值都将被加上单击处的像素的亮度值，从而使图像变亮；选中灰色吸管 ，然后在图像中单击，图像中的像素亮度将根据单击处的像素亮度来进行调整。

下面举例说明色阶调整的方法。

1）打开如图 2-80 所示的图像，执行"图像"→"调整"→"色阶"命令，打开"色阶"对话框，设置参数如图 2-81 所示。色阶调整后的图像如图 2-82 所示。

图 2-80　"色阶"调整前图像

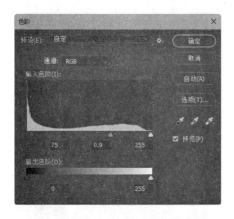

图 2-81　设置"色阶"对话框参数

图 2-82　"色阶"调整后图像

由于在对话框中设置暗部色调值为 75，使图像中所有亮度值低于 75 的像素都变为黑色，所以图中较暗的部分变得更暗。亮部变暗是由于设置了中间色调的缘故。

2）查看这幅图的通道信息会发现，蓝色通道的亮度值很小（见如图 2-83 所示的"通道"控制面板），即它对图像色彩的影响较小。那么能不能通过调整红色通道的亮度值使得黄色的花也呈绿色呢？下面来试一试。

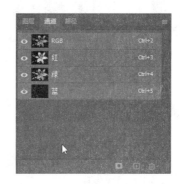

图 2-83　蓝色通道的亮度值很小

3）打开"色阶"对话框，在"通道"下拉列表中选择红色通道，将直方图下方的黑色滑块拖至最右侧，其他设置不变，然后单击"确定"按钮。此时的对话框设置和调整红色通道后的效果分别如图 2-84 和图 2-85 所示。可以看到，黄花已经变成了绿花。这和在"通道"控制面板中把红色通道前的"眼睛"去掉有异曲同工之妙。

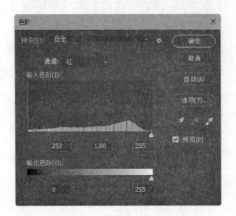

图 2-84　"色阶"对话框设置

图 2-85　调整红色通道后的效果图

提示
如果在色阶调整的过程中，对"色阶"对话框中的参数设置不满意，可按下 Alt 键，此时"取消"按钮会变为"复位"按钮，单击该按钮，可将各参数恢复到调整前的数值。

2.2.2　"自动对比度"命令

当图像的对比度不够明显时，可利用"自动对比度"命令增强图像的对比度。执行该命令前后的图像如图 2-86 和图 2-87 所示。

图 2-86　"自动对比度"调整前图像

图 2-87　"自动对比度"调整后图像

2.2.3　"自动颜色"命令

"自动颜色"命令用于更正不平衡或者不饱和的颜色，有效地调整图像。执行该命令前后的图像如图 2-88 和图 2-89 所示。

图 2-88　"自动颜色"调整前图像

图 2-89　"自动颜色"调整后图像

2.2.4　"曲线"命令

"曲线"命令是 Photoshop 非常有用的色彩调整命令，可以说它是"亮度 / 对比度""色调分离"和"反相"等命令的综合。利用该命令可以调整图像的亮度、对比度和色彩等。

执行"图像"→"调整"→"曲线"命令，打开"曲线"对话框，如图 2-90 所示。

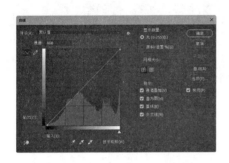

图 2-90　"曲线"对话框

对话框中各选项的含义如下：

（1）"通道"下拉列表　用于选择要调整曲线的通道。

（2）曲线调整图表　横坐标代表图像调整前的色调，纵坐标代表图像调整后的色调。图表下方有一个黑白渐变颜色调，在其上单击可改变渐变方向。

（3）"输入"和"输出"文本框　在曲线调整图表中调整曲线时，文本框中会给出相应点处的输入、输出值。

（4）"选项"按钮　单击该按钮，将弹出如图 2-91 所示的对话框，在其中可进行相关设置。

（5）"曲线"按钮和"铅笔"按钮　单击 按钮，可在图表中显示曲线和节点，并可对其进行操作，在曲线上单击可创建节点，

要调整曲线只需简单地拖动节点在图表中移动即可；单击 按钮，可在图表中手工绘制曲线，如果按下 Shift 键，在图表中单击，将生成以单击点为端点的直线。

图 2-91　"自动颜色校正选项"对话框

提示
按下 Alt 键再单击图表，可让图表的网格变得更密，适于更精密的操作。调整曲线最多可设置 15 个节点，一次可拖动一个或多个节点，要调整多个节点，先要按住 Shift 键对节点进行选择。将节点拖出图表外可将该节点删除。与"色阶"对话框一样，按下 Alt 键，"取消"按钮将变为"复位"按钮，此时可进行复位操作。

通常，用"曲线"命令对图像进行调整会使图像的对比度增大，变得更清晰。下面来看一个实例。

打开一幅空中飘有若干热气球的图像。可以看到，由于对比度较低，图像不够清晰。这里用"曲线"命令对其进行调整。"曲线"对话框设置如图 2-92 所示。"曲线"调整前后的图像如图 2-93 和图 2-94 所示。

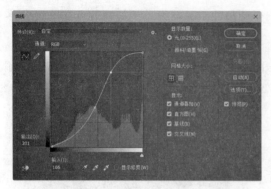

图 2-92 "曲线"对话框设置

图 2-93 "曲线"调整前图像

图 2-94 "曲线"调整后图像

"曲线"命令是各种调整命令中功能最强大的，读者可通过实际操作来体会其特点。

2.2.5 "色彩平衡"命令

彩色图像由各种单色组合而成，每种

单色的变化都会影响图像的色彩平衡。"色彩平衡"命令允许用户对单色进行调整来改变图像的显示效果。执行"图像"→"调整"→"色彩平衡"命令，打开"色彩平衡"对话框，如图 2-95 所示。

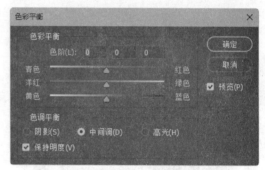

图 2-95 "色彩平衡"对话框

"色彩平衡"选项组中的三个"色阶"文本框分别对应其下面的三个滑杆，文本框中的数值变化范围为 −100 ~ 100。"色调平衡"选项组中有"阴影""中间调"和"高光"三个单选按钮供用户选择要调整的色调范围；选中"保持亮度"复选框可防止光度值在颜色调整时发生改变，这在调整 RGB 图像时很有必要。

下面看一个实例。图 2-96 所示为"色彩平衡"对话框的设置，图 2-97 和图 2-98 所示为"色彩平衡"调整前后的图像。

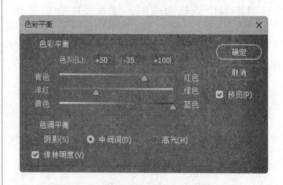

图 2-96 "色彩平衡"对话框设置

图 2-97　"色彩平衡"调整前图像

图 2-98　"色彩平衡"调整后图像

2.2.6　"亮度 / 对比度"命令

执行"图像"→"调整"→"亮度 / 对比度"命令，将打开如图 2-99 所示的"亮度 / 对比度"对话框，在其中可方便地调整图像的亮度和对比度。

图 2-99　"亮度 / 对比度"对话框

2.2.7　"色相 / 饱和度"命令

执行"图像"→"调整"→"色相 / 饱和度"命令，将打开如图 2-100 所示的"色相 / 饱和度"对话框，在其中可调整图像的"色

相""饱和度"和"明度"等参数。例如，打开"预设"下方的"编辑"下拉列表 全图 ，可选择要进行调整的像素的色调，如选择"全图"将对所有像素进行调整，选择"绿色"则只调整绿色的像素。当选择除"全图"以外的任何一种色调时，下方的吸管和颜色条将变为可用状态，此时选择吸管后在图中单击可以改变色彩变化的范围。对话框中的三个滑杆可分别用于调整图像的色相、饱和度和亮度。选中"着色"复选框，可使灰色图像变为单一颜色的彩色图像，也可使彩色图像变为单一颜色的图像。

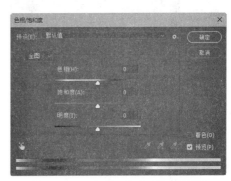

图 2-100　"色相 / 饱和度"对话框

下面为一个"色相 / 饱和度"调整实例。图 2-101 所示为"色相 / 饱和度"对话框设置，图 2-102 和图 2-103 所示为"色相 / 饱和度"调整前后的图像。

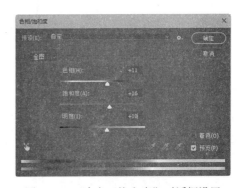

图 2-101　"色相 / 饱和度"对话框设置

图 2-102 "色相 / 饱和度"调整前图像

图 2-105 "反相"调整后图像

图 2-103 "色相 / 饱和度"调整后图像

2.2.9 "阈值"命令

利用"阈值"命令可将图像转换为黑白两色图像。此命令允许用户将某个色阶设置为阈值，所有比该阈值亮的像素会被转换为白色，所有比该阈值暗的像素会被转换为黑色。图 2-106 所示为"阈值"对话框，在其中可拖动滑块或直接在文本框中输入数字来设置"阈值色阶"。

2.2.8 "反相"命令

"反相"命令是在处理特殊效果时经常用到的一个命令，其作用很直观，即反转图像的颜色，如黑变白、白变黑等。"反相"命令是唯一不丢失颜色信息的命令，也就是说，用户可再次执行该命令来恢复原图像。图 2-104 和图 2-105 所示为"反相"调整前后的图像。

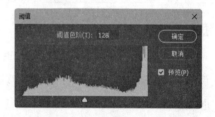

图 2-106 "阈值"对话框

打开一幅图像，执行"阈值"命令，设置色阶为 100，"阈值"调整前后的图像如图 2-107 和图 2-108 所示。

图 2-104 "反相"调整前图像

图 2-107 "阈值"调整前图像

图 2-108　"阈值"调整后图像

2.2.10　"色调分离"命令

与"阈值"命令类似,"色调分离"命令也用于减少色调,不同之处在于"色调分离"处理后的图像仍为彩色图像。"色调分离"对话框如图 2-109 所示。"色阶"文本框中的数值可决定图像变化的剧烈程度,其值越小,图像变化越剧烈;其值越大,图像变化越不明显。

图 2-109　"色调分离"对话框

图 2-110 和图 2-111 所示为"色阶"值为 8 时"色调分离"调整前后的图像。

图 2-110　"色调分离"调整前图像

图 2-111　"色调分离"调整后图像

2.2.11　"色调均化"命令

"色调均化"命令用于重新分布图像中像素的亮度值。在使用此命令时,Photoshop 会自动查找图像中最亮和最暗的像素,使最亮的变为白色,最暗的变为黑色,其余的像素也相应地进行调整。

如果图像中制作了选区,执行"图像"→"调整"→"色调均化"命令将弹出一个对话框,通过该对话框可选择是对选区中的图像进行处理还是对整幅图像进行处理。这里选择对选区中的图像进行"色调均化"调整,调整前后的图像如图 2-112 和图 2-113 所示。

图 2-112　"色调均化"调整前图像

图 2-113　"色调均化"调整后图像

提示
如果未制作选区，在选择"色调均化"命令时不会弹出对话框。

2.2.12　"去色"命令

　　"去色"命令用于去除图像的彩色，使其变为灰度图像。要说明的是，此命令并不改变图像的颜色模式，如原图为 RGB 模式，转换后的图像仍为 RGB 模式，只是变为了灰度图。图 2-114 和图 2-115 所示为"去色"调整前后的图像。

图 2-114　"去色"调整前图像

图 2-115　"去色"调整后图像

2.2.13　"可选颜色"命令

　　"可调颜色"命令用于对有针对性地选择的红色、黄色、绿色、蓝色等颜色进行调整。"可选颜色"对话框如图 2-116 所示。

图 2-116　"可选颜色"对话框

　　在"颜色"下拉列表中可选择要调整的颜色，拖动下面的各个滑杆可调整选中的颜色。选择"相对"方法时，系统会按总量的百分比更改青色、洋红、黄色和黑色的比重；选择"绝对"方法时，系统会按绝对值调整颜色。

2.2.14　"匹配颜色"命令

　　"匹配颜色"命令可以匹配两幅图像或一个图像中两个图层的颜色，使它们看起来外观一致。该命令常用于人像、时装和商业照片的处理当中。

　　下面以图 2-117 和图 2-118 所示的两幅图像为例，说明如何使用"匹配颜色"命令将图像 2 中模特衣服的颜色匹配为图像 1 中模特上衣的颜色。

图 2-117 图像 1　　　　图 2-118 图像 2

首先在图像 1 的上衣区域中制作一个选区，然后设置图像 2 为当前文件，制作上衣选区。执行"图像"→"调整"→"匹配颜色"命令，在弹出的"匹配颜色"对话框的"源"下拉列表中选择"图像 1"，如图 2-119 所示。颜色匹配后的图像如图 2-120 所示。

图 2-119　"匹配颜色"对话框

图 2-120　颜色匹配后的图像

2.2.15 "阴影 / 高光"命令

"阴影 / 高光"命令适用于校正由强逆光而形成剪影的照片，或者校正由于太接近相机闪光灯而有些发白的焦点。在用其他方式采光的图像中，这种调整也可用于使暗调区域变亮。"阴影 / 高光"命令不是简单地使图像变亮或变暗，它基于阴影或高光中的周围像素（局部相邻像素）增亮或变暗。该命令允许分别控制暗调和高光。"阴影 / 高光"的默认值设置为修复具有逆光问题的图像。"阴影 / 高光"命令还有"中间调对比度"滑块、"减少黑色像素"选项和"减少白色像素"选项，它们用来调整图像的整体对比度。

"阴影 / 高光"对话框如图 2-121 所示。

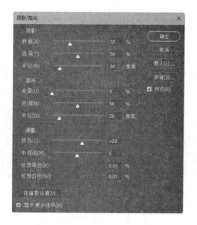

图 2-121　"阴影 / 高光"对话框

使用"阴影/高光"命令调整前后的图像分别如图 2-122 和图 2-123 所示。

图 2-122　"阴影/高光"调整前图像

图 2-123　"阴影/高光"调整后图像

2.2.16　"曝光度"命令

"曝光度"命令是为了调整 HDR 图像的色调，但它也可用于调整 8 位和 16 位图像。曝光度是通过在线性颜色空间（灰度系数为 1.0）而不是图像的当前颜色空间执行计算而得出的。"曝光度"对话框如图 2-124 所示。

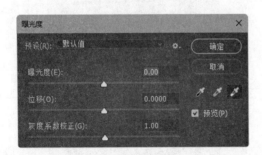

图 2-124　"曝光度"对话框

对话框中的选项说明如下：

（1）曝光度　调整色调范围的高光区域，对图像中较暗的部分影响很小。

（2）位移　使阴影和中间调变暗，对高光部分的影响很小。

（3）灰度系数校正　使用简单的乘方函数调整图像灰度系数。

（4）吸管工具　用于调整图像的亮度值（与影响所有颜色通道的"色阶"吸管工具不同）。其中，"设置黑场"吸管工具 用于设置"位移"，同时将用户单击的像素改变为零；"设置白场"吸管工具 用于设置"曝光度"，同时将用户单击的像素改变为白色（对于 HDR 图像为 1.0）；"设置灰场"吸管工具 用于设置"曝光度"，同时将用户单击的值变为中度灰色。

例如，用图 2-125 所示"曝光度"对话框中的参数设置调整图 2-126 所示的图像，调整后的图像如图 2-127 所示。可以看出，"位移"为较大的负值可使得较暗的部分全黑，提高"曝光度"可增加高光区域的亮度。

图 2-125　"曝光度"对话框参数设置

图 2-126　"曝光度"调整前图像

图 2-127　"曝光度"调整后图像

2.3　应用实例

2.3.1　金属环的制作（选区操作、图像变换、渐变工具的使用）

1）新建一个 400×300 的图像，设置颜色模式为 RGB 模式，背景色为白色，如图 2-128 所示。

2）用椭圆选框工具制作一个椭圆形选区，如图 2-129 所示。执行"选择"→"存储选区"命令，将选区存储到 Alpha1 通道中。

图 2-128　新建图像

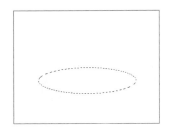

图 2-129　制作选区

3）选中选区，执行"选择"→"修改"→"收缩"命令，将椭圆形选区收缩 6 个像素，再执行"选择"→"存储选区"命令，将选区存储到 Alpha2 通道中。此时的"通道"控制面板如图 2-130 所示。

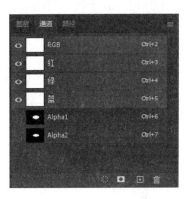

图 2-130　"通道"控制面板

4）按住 Ctrl 键单击 Alpha1 通道，载入 Alpha1 通道的选区，然后按住 Ctrl+Alt 组合键单击 Alpha2 通道，从当前选区中减去 Alpha2 通道的选区，结果如图 2-131 所示。

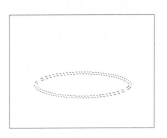

图 2-131　减去 Alpha2 通道的选区

5）选中工具箱中的渐变工具，选择经典渐变，设置渐变颜色条如图 2-132 所示。

图 2-132　设置渐变颜色条

6）新建"图层1"，在图2-131所示选区中从左至右拖动鼠标指针，制作渐变效果，然后按Ctrl+D组合键取消选区。

7）设置"图层1"为当前活动图层，在工具箱中选择移动工具 ⊕ ，按住Alt键不放，重复按向上方向键若干次，对图层1进行复制，结果如图2-133所示。

图 2-133　按 Alt 键和方向键复制图层 1

8）合并除背景和顶层以外的所有图层，此时的"图层"控制面板如图2-134所示。

图 2-134　合并图层后的"图层"控制面板

9）设置顶层为活动图层，选择魔棒工具 ，在内环单击，制作如图2-135所示的选区。

图 2-135　用魔棒工具制作选区

10）设置"图层1"为当前活动图层，执行"编辑"→"变换"→"水平翻转"命令，将图层1进行水平翻转（制作环内壁的光照效果），结果如图2-136所示。

图 2-136　水平翻转图层 1

11）按住Ctrl键，单击"图层"控制面板中的"顶层"图层，载入顶层图像选区。选择"矩形选框工具" ，按住Alt键，拖动鼠标指针减去圆环下半部分选区，结果如图2-137所示。

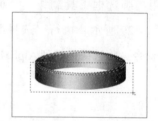

图 2-137　减去圆环下半部分选区

12）执行"编辑"→"变换"→"水平翻转"命令，将图像进行水平翻转（制作金属环上口的光照效果），结果如图2-138所示。然后按Ctrl+D组合键取消选区。

图 2-138　水平翻转图像

13）执行"图像"→"调整"→"色阶"命令，调整"顶层"的色阶，如图 2-139 所示。

图 2-139　"色阶"调整

14）执行"图像"→"调整"→"曲线"和"图像"→"调整"→"色彩平衡"命令，对"图层 1"进行调整，使其更具金属质感，如图 2-140 所示。

图 2-140　"曲线"及"色彩平衡"调整

15）合并"顶层"和"图层 1"，执行"滤镜"→"杂色"→"添加杂色"命令，给金属环添加一些杂色。制作完成的金属环如图 2-141 所示。

图 2-141　制作完成的金属环

2.3.2　给圆盘挖孔（选区变换、网格、参考线）

1）打开如图 2-142 所示的圆盘图像（其制作方法将在第 4 章中进行介绍）。

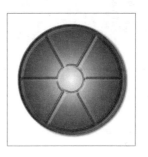

图 2-142　圆盘图像

2）分别执行"视图"→"显示"→"网格"和"视图"→"标尺"命令，显示网格和标尺，从标尺上拉出两条参考线，然后执行"编辑"→"首选项"→"参考线、网格和切片"命令，在打开的"首选项"对话框中将参考线设置为红色，结果如图 2-143 所示。

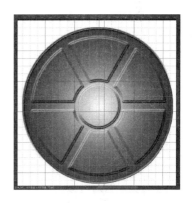

图 2-143　显示网格和参考线

3）选中"椭圆选框工具"，按下 Shift+Alt 组合键，将鼠标指针移至参考线交叉点附近，然后拖动制作一个圆形选区，如图 2-144 所示。

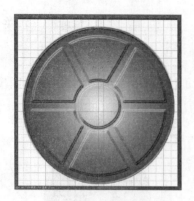

图 2-144　制作圆形选区

4）按 Delete 键，弹出"填充"对话框，按照图 2-145 所示进行设置，单击"确定"按钮，结果如图 2-146 所示。

图 2-145　设置"填充"对话框

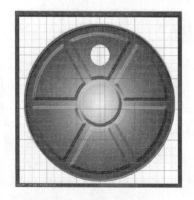

图 2-146　删除一个圆形

5）在图中间拉一条水平参考线。执行"选择"→"变换选区"命令，将旋转中心标志 ✛ 拖动到图中心的参考线交点位置，如图 2-147 所示。

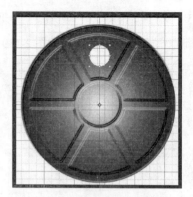

图 2-147　移动旋转中心位置

6）在工具属性栏的"旋转角度"文本框中输入 60，将选区以 ✛ 为中心顺时针旋转 60°，结果如图 2-148 所示。

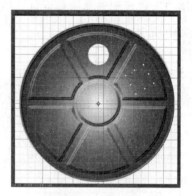

图 2-148　旋转选区

7）单击工具属性栏上的 ☑ 按钮，应用选区变换，按下 Delete 键删除选区内内容，结果如图 2-149 所示。

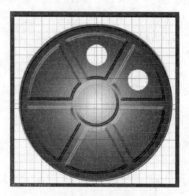

图 2-149　删除选区内容

8）重复步骤 5）~ 7）的操作，然后执行"视图"菜单中的相关命令隐藏网格、标尺和参考线，完成圆盘挖孔，结果如图 2-150 所示。这里的背景色为白色，读者还可根据需要设置不同的背景色。

图 2-150　完成圆盘挖孔

2.3.3　闪电

1）新建一个图像，背景设置为透明。选择前景色为黑色，背景色为白色，用渐变工具在图中制作出渐变效果，如图 2-151 所示。

图 2-151　制作渐变效果

2）执行"滤镜"→"渲染"→"分层云彩"命令，结果如图 2-152 所示。

3）执行"图像"→"自动色调"命令，结果如图 2-153 所示。

4）执行"图像"→"调整"→"反相"命令，将图像反相，结果如图 2-154 所示。

5）执行"图像"→"调整"→"色阶"

命令，在"色阶"文本框中输入 0、0.33、255，结果如图 2-155 所示。

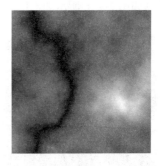

图 2-152　使用"分层云彩"滤镜后图像

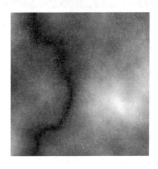

图 2-153　"自动色调"调整后图像

图 2-154　"反相"调整后图像

图 2-155　"色阶"调整后图像

6）执行"图像"→"调整"→"色彩平衡"命令，给图像加深蓝色和洋红色。制作完成的闪电如图2-156所示。

图2-156　制作完成的闪电

2.3.4　给衣服换色

1）打开如图2-157所示的素材图像。

2）用套索等选择工具制作人物上衣的选区，如图2-158所示。

图2-157　素材图像

图2-158　制作选区

3）执行"图像"→"调整"→"色相/饱和度"命令，打开"色相/饱和度"对话框，对上衣的颜色进行调整。不同的参数产生的效果如图2-159和图2-160所示。

提示
这样可以随意改变图像的色相和饱和度，当然也可以用"色彩平衡"或"变化"命令对图像进行调整。切不可用填充工具改变图像的颜色，这将破坏图像的阴影等效果。

图2-159　"色相/饱和度"调整1

图2-160　"色相/饱和度"调整2

2.3.5　汽车变色

1）打开如图2-161和图2-162所示的汽车图像和一幅制作好的界面图像（界面的制作见"7.2.5界面"）。

图 2-161　汽车图像

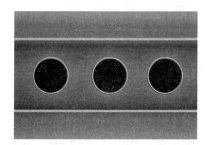

图 2-162　界面图像

2）将汽车图像复制到界面图像的一个图层中（图层 1），然后执行"编辑"→"自由变换"命令，适当变换其大小后置于界面图中左侧的一个圆中，如图 2-163 所示。

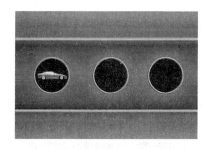

图 2-163　复制汽车图像到界面图中

3）复制两个汽车图层，分别为"图层 2"和"图层 3"。将"图层 2"中的汽车移至中间的圆中，执行"图像"→"调整"→"亮度 / 对比度"命令增加其亮度，然后执行"图像"→"调整"→"反相"命令，结果如图 2-164 所示。

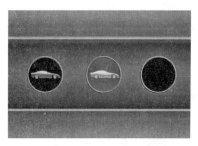

图 2-164　增加亮度及"反相"调整后的图像

4）将"图层 3"中的汽车移至右侧的圆中，调整色相及饱和度，最终效果如图 2-165 所示。

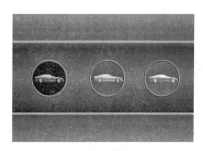

图 2-165　最终效果图

2.3.6　制作彩笔

1）执行"文件"→"新建"命令，打开如图 2-166 所示的对话框，给文件命名为"彩笔"，设置文件的宽度为 400 像素、高度为 400 像素、背景内容为白色，单击"确定"按钮。

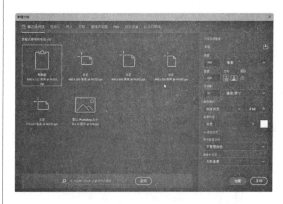

图 2-166　"新建文档"对话框

2）执行“视图”→“显示”→“网格”命令，显示网格，如图 2-167 所示。

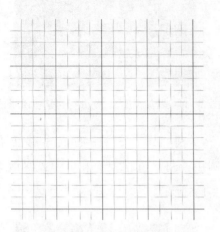

图 2-167　显示网格

> **提示**
>
> 显示网格是为了精确定位某些图像元素。如果网格大小不合适，可执行“编辑”→“首选项”→“参考线、网格和切片”命令调整网格大小。

3）选中工具箱中的矩形工具，并在工具属性栏上工具图标右侧的“工具模式”下拉列表中选择“路径”（表示当前将在图中绘制路径，路径将自动暂时保存到“工作路径”当中，路径操作的相关知识可参见第 5 章的内容）。此时工具属性栏如图 2-168 所示。

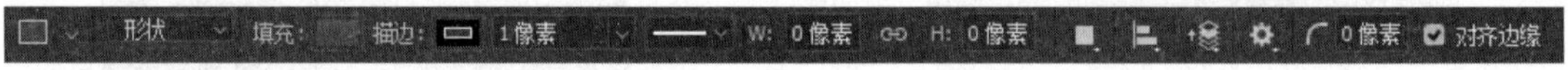

图 2-168　矩形工具属性栏

4）用鼠标在图中绘制如图 2-169 所示的矩形路径。但由于网格的存在，路径并不是很明显。

图 2-169　绘制矩形路径

5）选中工具箱中的添加锚点工具，在矩形路径的底边的中间单击添加一个锚点，然后将该锚点向下拖动一段距离，改变后的路径如图 2-170 所示。

6）切换到“路径”控制面板，如图 2-171 所示。可以看到，刚才创建的路径暂存于“工作路径”当中。

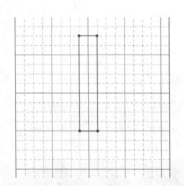

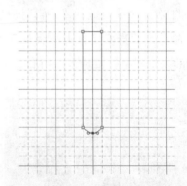

图 2-170　添加并拖动锚点改变路径

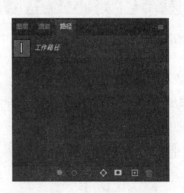

图 2-171　“路径”控制面板

7）单击"路径"控制面板中的 ▓ 按钮，将路径转换为选区，按 Ctrl+' 组合键隐藏网格，此时图像窗口如图 2-172 所示。

图 2-172　将路径转换为选区并隐藏网格

8）选中工具箱中的渐变工具 ■，在"渐变编辑器"对话框中设置颜色渐变条如图 2-173 所示，并选择对称渐变方式，即按下工具属性栏上的 ▤ 按钮。

图 2-173　设置颜色渐变条

9）回到"图层"控制面板，新建"图层 1"，将鼠标指针从选区的偏左侧向右拖动一小段距离，然后按 Ctrl+D 组合键取消选区。制作渐变的结果如图 2-174 所示。

10）在网格的辅助下用矩形工具制作如图 2-175 所示的选区。

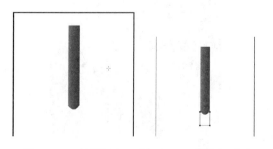

图 2-174　制作渐变　图 2-175　制作矩形选区

11）选中渐变工具 ■，设置颜色渐变条如图 2-176 所示（仍然选择对称渐变方式）。

图 2-176　设置颜色渐变条

12）新建"图层 2"，将其置于"图层 1"之下，将鼠标指针从选区的偏左侧向右拖动一小段距离，然后按 Ctrl+D 组合键取消选区，此时图像和"图层"控制面板如图 2-177 所示。

图 2-177　图像及"图层"控制面板

13）执行"滤镜"→"杂色"→"添加杂色"命令，为"图层 2"添加一些杂色，然后执行"编辑"→"变换"→"透视"命令，变换图像。此时图像四周将出现 4 个控制点，向中间拖动左下角和右下角的控制点，透视变换的结果如图 2-178 所示。

图 2-178　透视变换

14）按 Enter 键应用变换。接下来制作蓝色的彩笔芯。用套索工具 ⊘ 绘制如图 2-179 所示的选区。

15）按 Ctrl+U 组合键，打开"色相/饱和度"对话框，适当调整图像的色相、饱和度及明度，对话框参数设置和调整结果如图 2-180 所示。

图 2-179　用套索工具制作选区

图 2-180　"色相/饱和度"对话框参数设置和调整结果

16）这只彩笔看起来还不够逼真，再对尾部进行处理。用椭圆选框工具 ⬭ 制作如图 2-181 所示的椭圆形选区。

17）设置"图层 1"为当前图层，填充暗橙色，然后取消选区，并合并"图层 1"和"图层 2"，填充选区的结果如图 2-182 所示。这时这只彩笔已经很逼真了。

图 2-181　制作椭圆形选区　　图 2-182　填充选区

18）打开如图 2-183 的素材图像，将制作好的彩笔融入图中。

图 2-183　素材图像

19）复制彩笔到素材图像的"图层 1"中，如图 2-184 所示。

图 2-184　复制彩笔

20）按 Ctrl+T 组合键自由变换，适当缩放彩笔的长宽比例及大小，并将其旋转到如图 2-185 所示的位置。

图 2-185　缩放并旋转彩笔

21）按 Enter 键应用变换，在"图层"控制面板中拖动"图层 1"到 ⊞ 按钮上复制该图层，并将拷贝图层移至"图层 1"之下，这里用拷贝图层制作彩笔的阴影。此时"图层"控制面板如图 2-186 所示。

图 2-186　"图层"控制面板

22）选中"图层 1 拷贝"图层，选中工具箱中的移动工具 ✛，按向右和向上方向键若干次，移动图像，结果如图 2-187 所示。

23）按 Ctrl+U 组合键，打开"色相 / 饱和度"对话框，将"图层 1 拷贝"中图像的明度调为 -100，然后执行"滤镜"→"模糊"→"高斯模糊"命令，"模糊半径"设置为 0.7 个像素。可以看到，执行"高斯模糊"滤镜后，制作的彩笔很自然地躺在了报纸上，如图 2-188 所示。

图 2-187　移动图像

图 2-188　制作彩笔

第3章 图层——Photoshop 的核心

【本章主要内容】

　　本章主要介绍 Photoshop 的核心——图层。首先讲解了"图层"控制面板的组成和图层的关键操作，然后用实例介绍了图层的应用，最后提供了一些关于图层的练习题，以帮助读者能够掌握图层的相关操作。

【本章学习重点】

- "图层"控制面板的组成
- 图层的关键操作
- 色彩混合模式
- 图层样式

3.1 图层概述

　　图层是 Photoshop 的核心，Photoshop 绝大部分的操作和复杂的图像显示都是在图层上完成的。我们知道，画家为了完成一幅作品，需要在好几张画布上绘制作品的不同部分，然后将每张画布上的内容剪裁、粘贴组合在一起，再进行一定的后期处理。图层就像画家绘画用的画布，不同的是，图层比画布具有更多可调节的属性，如不透明度、样式和色彩混合模式等，可以方便地实现更多更复杂的效果。下面通过"图层"控制面板介绍图层及其特点。

3.1.1 "图层"控制面板介绍

　　执行"窗口"→"图层"命令，显示"图层"控制面板，如图 3-1 所示。

图 3-1 "图层"控制面板

1. 图层列表区

　　控制面板中间部分为图层列表区，在这里可以非常直观地看到各图层之间的层次关系，图层就如画布一样自上而下依次叠加，上面的图层在图像的显示上自然位于其下的所有图层之上。当前的活动图层以高亮灰底显示，活动图层只能有一个，如图 3-1 所示。图层列表区的左端为图层和图层蒙版的缩略图（如果该图层添加有图层蒙版的话），右端为图层名称，如果图层设置了图层样式，在名称后面还会有 fx 标志，单击右侧的 ∨ 按钮能查看该图层设置了哪些图层样式。

2. 显示标志列

图层列表区的左侧为显示标志列，该列用于控制对图层的显示。如果某图层对应的该列方框中有 ◉ 标志，则该图层处于显示状态，否则，该图层将不被显示。

3. 锁定按钮

在"图层"控制面板的锁定设置区中，系统提供了 5 种锁定方式。各按钮的含义如下：

（1）▦ 按钮　单击该按钮，将锁定图层的透明区，即禁止在透明区绘画。

（2）✎ 按钮　单击该按钮，将锁定层编辑，即禁止编辑该层。

（3）✛ 按钮　单击该按钮，将锁定层移动，即禁止移动该层。

（4）▣ 按钮　单击该按钮，将防止在画板和画框内外嵌套。

（5）🔒 按钮　单击该按钮，将禁止对该层的一切操作。

4. 不透明度

Photoshop 2024 的"图层"控制面板中提供了两种不透明度的设置，一个为总体不透明度，另一个为填充不透明度。

总体不透明度用于调整图层中所有图像及所有颜色通道的不透明度，而填充不透明度可以有选择地针对个别颜色通道进行调整，如对于一幅有 R、G、B 三个通道的图像，用户可以任意选择其中的一个或两个通道进行

填充，并调节其不透明度。

用户可以直接在文本框中输入不透明度的数值，也可单击文本框右侧的 ∨ 按钮，打开调整滑杆，然后拖动滑杆设置不透明度。

5. 按钮组

在 Photoshop 2024 的"图层"控制面板下方有一排按钮组 ⚭ fx ▣ ◑ ▣ 🖿 ⊞ 🗑。各按钮的含义如下：

（1）⚭ 按钮　当按住 Ctrl 键或 Shift 键选择多个图层后，该按钮变为可用，单击该按钮可设置选择图层的链接。关于图层的链接请参见 3.1.2 节中相关的内容。

（2）fx 按钮　单击该按钮，将弹出如图 3-2 所示的菜单，在菜单中选择相应的命令，在打开的如图 3-3 所示的对话框中进行设置，可为当前图层增加图层样式。

图 3-2　图层样式菜单

（3）▣ 按钮　单击该按钮可为图层添加图层蒙版，如图 3-4 所示。图层右侧的缩略图为图层蒙版缩略图，其中黑色区域相当于实心蒙版，遮住了该图层的内容，白色区域相当于透明蒙版，不起遮挡作用。若图像缩略图和图层蒙版缩略图之间有一 🔗 图标，则表明

该图层中的图像与图层蒙版建立了链接关系，此时若移动和对该层图像进行变形，图层蒙版区域也将相应发生变化，单击该图标可取消链接。

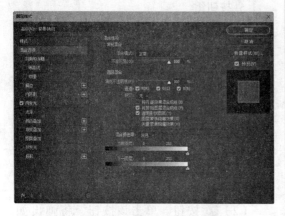

图 3-3　"图层样式"对话框

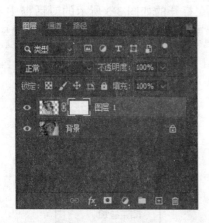

图 3-4　添加图层蒙版

（4）按钮　单击该按钮将打开如图 3-5 所示的调整命令菜单。选择菜单中的图像调整命令可创建调整图层，调整图层将对其下所有的图层产生影响。若创建调整图层之前制作了选区，则将创建一个带图层蒙版的调整图层。

（5）按钮　单击该按钮可以创建一个新的层组。层组的概念是从 Photoshop 6.0 开

始引入的，层组的引入使得 Photoshop 对图层的管理更加有效。用户可以方便地移动一个层组中的所有图层（无需对每一层进行移动），或者对一个层组进行属性设置，如不透明度、图层混合模式和锁定图层等。用鼠标拖动图层即可方便地将图层加入或移出层组。图 3-6 所示为建立了一个层组，图层 1 和图层 2 位于该层组中，单击层组标志左侧的按钮可折叠层组，再单击按钮可将层组展开。

图 3-5　调整命令菜单

图 3-6　建立层组

图 3-6　建立层组（续）

（6）⊞按钮　单击该按钮将建立一个新的图层。若把"图层"控制面板中的其他图层拖至该按钮，将复制该图层，复制得到的新图层位于被复制的图层之上。系统会以一定的命名规则给建立的新图层命名，用户也可以双击图层的名称为该图层重新命名，如图 3-7 所示。

图 3-7　重命名图层

（7）🗑按钮　单击该按钮将删除当前图层，系统会给出警告。拖动面板上的某个图层到该按钮上，也将删除该图层，用这种方法删除图层系统不会给出警告。

6. 图层筛选

在"类型"下拉列表 Q 类型 中可以设置要搜索的图层类型，包括名称、效果、模式、属性、颜色和选定。

（1）🖼图标　像素图层过滤器。

（2）◯图标　调整图层过滤器。

（3）T图标　文字图层过滤器。

（4）▱图标　形状图层过滤器。

（5）🖿图标　智能对象过滤器。

（6）▣图标　打开或关闭图层筛选。

7. 色彩混合模式

"图层"控制面板的左上角有一个下拉列表，用于设置图层的色彩混合模式。该下拉列表中的选项可决定当前图层与其下面的图层进行色彩混合的算法，即当前图层与其他图层的合成模式。该下拉列表中共有 27 个模式选项，如图 3-8 所示。

下面以"斑马"图层和"河马"图层的合成效果来说明各种模式的作用。"图层"控制面板如图 3-9 所示。

图 3-8　图层色彩混合模式下拉列表

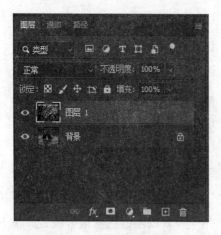

图 3-9 "图层"控制面板

（1）"正常"模式 "正常"模式是图层混合模式的默认方式，是图层的标准模式，如图 3-10 所示。在"正常"模式下，图层中的图像将覆盖背景图层的对应区域，如果不透明度设置为 100%，那么背景图层的图像将被该图层的图像完全覆盖，逐渐减小不透明度会使背景图层的图像慢慢显现。

图 3-10 "正常"模式（不透明度 50%）

（2）"溶解"模式 "溶解"模式可将前景色或图像以颗粒的形状随机分配在选区中，如图 3-11 所示。不透明度为 100% 时，"溶解"模式不起作用，当不透明度小于 100% 时，图层中的图像会逐渐溶解，部分像素消失，消失的部分显示背景图层的图像。

（3）"变暗"模式 选择该模式，系统将比较当前图层和背景图层对应点的像素，

用当前图层中较暗的像素取代背景图层中较亮的像素，背景图层中较暗的像素不变，如图 3-12 所示。

图 3-11 "溶解"模式（不透明度 50%）

图 3-12 "变暗"模式

（4）"正片叠底"模式 此模式可将当前图层和背景图层像素颜色的灰度级进行乘法运算，得到灰度级更低的颜色，即显示较暗的颜色，而灰度级较高的颜色不予显示，如图 3-13 所示。

图 3-13 "正片叠底"模式

（5）"颜色加深"模式 此模式可将图层中的颜色加深，亮度变暗，类似于使用了加深工具 后的效果，如图 3-14 所示。

图 3-14 "颜色加深"模式

（6）"线性加深"模式 选择该模式，系统将查看每个通道中的颜色信息，并通过减小亮度使基色变暗以反映混合色，与白色混合后则不产生变化，如图 3-15 所示。

图 3-15 "线性加深"模式

（7）"变亮"模式 与"变暗"模式相反，系统将比较当前图层和背景图层对应点的像素，用当前图层中较亮的像素取代背景图层中较暗的像素，背景图层中较亮的像素不变，如图 3-16 所示。

图 3-16 "变亮"模式

（8）"滤色"模式 选择此模式，系统会将当前图层与背景图层的互补色相乘，再

转为互补色，得到的图像通常比较浅，如图 3-17 所示。

图 3-17 "滤色"模式

（9）"颜色减淡"模式 选择该模式，系统将提高当前图层像素的亮度值，从而加亮图层的颜色值，使图层的颜色减淡，类似于使用了减淡工具 后的效果，如图 3-18 所示。

图 3-18 "颜色减淡"模式

（10）"线性减淡（添加）"模式 选择此模式，系统将查看每个通道中的颜色信息，并通过增加亮度使基色变亮以反映混合色，与黑色混合则不发生变化，如图 3-19 所示。

图 3-19 "线性减淡（添加）"模式

（11）"叠加"模式　此模式可将当前图层与背景图层的颜色相叠加，并保持背景图层颜色的明暗度，如图 3-20 所示。

（12）"柔光"模式　此模式用于调整当前图层的颜色灰度，当灰度小于 50% 时图像变亮，当灰度大于 50% 时图像变暗，如图 3-21 所示。

图 3-20　"叠加"模式

图 3-21　"柔光"模式

（13）"强光"模式　选择该模式后，如果当前图层颜色灰度大于 50% 则以"滤色"模式混合，如果当前图层颜色灰度小于 50% 则以"正片叠底"模式混合，如图 3-22 所示。

图 3-22　"强光"模式

（14）"亮光"模式　该模式可通过增加或减小对比度来加深或减淡颜色，具体取决于混合色。如果混合色比 50% 灰色亮，则通过减小对比度使图像变亮；如果混合色比 50% 灰色暗，则通过增加对比度使图像变暗。"亮光"模式如图 3-23 所示。

（15）"线性光"模式　该模式可通过减小或增加亮度来加深或减淡颜色，具体取决于混合色。如果混合色比 50% 灰色亮，则通过增加亮度使图像变亮；如果混合色比 50% 灰色暗，则通过减小亮度使图像变暗。"线性光"模式如图 3-24 所示。

图 3-23　"亮光"模式

图 3-24　"线性光"模式

（16）"点光"模式　该模式用于替换颜色，具体取决于混合色。如果混合色比 50% 灰色亮，则替换比混合色暗的像素，而不改变比混合色亮的像素；如果混合色比 50% 灰色暗，则替换比混合色亮的像素，而不改变比混合色暗的像素。"点光"模式如图 3-25 所示。

图 3-25　"点光"模式

（17）"差值"模式　选择此模式，系统将以当前图层和背景图层颜色中较亮颜色的亮度减去较暗颜色的亮度。如果当前图层颜色为白色，合成效果将使背景颜色反相；如果当前图层颜色为黑色，则合成后背景颜色不变。"差值"模式如图 3-26 所示。

图 3-26　"差值"模式

（18）"排除"模式　选择该模式，与白色混合将反转颜色，与黑色混合则不发生变化，如图 3-27 所示。

（19）"色相"模式　选择该模式，用背景图层的亮度和饱和度以及混合色的色相创建结果色，如图 3-28 所示。

图 3-27　"排除"模式

图 3-28　"色相"模式

（20）"饱和度"模式　选择此模式，当前图层颜色的饱和度可决定合成后的图像的饱和度，而亮度和色相则由背景图层颜色决定，如图 3-29 所示。

图 3-29　"饱和度"模式

（21）"颜色"模式　选择此模式，当前图层颜色的色相和饱和度可决定合成后的图像的色相和饱和度，而亮度则由背景图层颜色决定，如图 3-30 所示。

图 3-30　"颜色"模式

（22）"明度"模式　此模式与"颜色"模式相反，如图 3-31 所示。

图 3-31　"明度"模式

8.图层编辑快捷菜单

单击"图层"控制面板右上角的▤按钮，将弹出如图 3-32 所示的快捷菜单，用户可从中选择相关命令对图层进行操作。

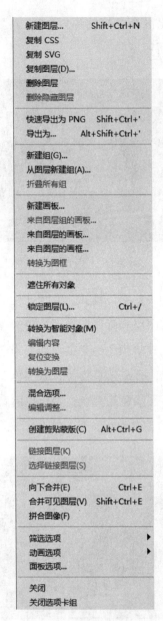

图 3-32　图层编辑快捷菜单

3.1.2　图层的关键操作

1.创建图层

（1）创建普通图层　在"图层"控制面板中单击▣按钮，可方便地创建一个新的普通图层。用这种方法创建的图层是完全透明的。此外，还可以执行"图层"→"新建"→"图层"命令来创建新图层，此时系统将打开如图 3-33 所示的"新建图层"对话框，在此对话框中可设置图层名称、颜色、不透明度和图层的色彩混合模式等。这里的颜色仅仅是该图层在"图层"控制面板的标志列显示的颜色，图层本身是透明的，如选择红色，创建的新图层如图 3-34 所示。若选择与前一图层进行编辑，则表示该新建图层与前一图层组成剪辑组（剪辑组将在后面进行介绍）。

图 3-33　"新建图层"对话框

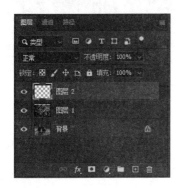

图 3-34　新建红色图层

此外，执行"编辑"→"粘贴"或"编辑"→"粘贴入"命令也可创建新图层，后者创建的新图层带有图层蒙版。

提示

新建的图层总位于当前图层之上，并自动成为当前图层。

（2）创建调整图层　调整图层是很有用的图层，它使得图像编辑更具灵活性。利用调整图层，用户可将"色阶""曲线""色相 / 饱和度"等调整命令制作的效果单独放在一个图层中，而原图并未真正改变，以后只需简单地打开或关闭调整图层，即可为图像添加或撤销某一种或多种调整效果，如果对调整效果不满意，可双击调整图层上的缩略图，打开设置对话框，重新进行调整。

单击"图层"控制面板中的 ⬤ 按钮，将弹出调整命令菜单，可在其中选择适当的命令来创建调整图层。也可执行"图层"→"新建调整图层"命令，在弹出的如图 3-35 所示的子菜单中选择命令来创建调整图层。

图 3-35　"新建调整图层"的子菜单

下面为图像创建一个"色相 / 饱和度"调整图层。单击 ⬤ 按钮，执行"色相 / 饱和度"命令，在打开的"色相 / 饱和度"属性面板中设置相关参数，如图 3-36 所示。此时"图层"控制面板如图 3-37 所示。

图 3-36 "色相/饱和度"属性面板

![image]: 剪切到图层。可影响下面的所有图层。

![image]: 查看上一状态。

![image]: 复位到调整默认值。

![image]: 切换图层可见性。

![image]: 删除当前的调整图层。

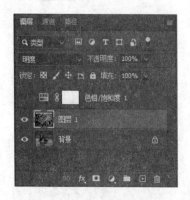

图 3-37 "图层"控制面板

由图中可以看出，调整图层实际上是一个带图层蒙版的图层，因此也可直接对图层蒙版进行编辑，如填充、渐变等。

（3）创建填充图层　填充图层也是一种带图层蒙版的图层，其内容可为实色、渐变色或图案。用户可以将填充图层转换为调整图层，可以随时更换其内容，也可以通过对图层蒙版的编辑制作各种特殊效果。

"图层"→"新建填充图层"子菜单中有"纯色""渐变"和"图案"三个菜单项，可以根据需要选择相应命令创建填充图层。下面通过一个实例来说明填充图层的用法，步骤如下：

1）打开如图 3-38 所示的原始图像及"图层"控制面板。

图 3-38 原始图像及"图层"控制面板

2）执行"图层"→"新建填充图层"→"渐变"命令，打开如图 3-39 所示的"新建图层"对话框，单击"确定"按钮，接着打开如图 3-40 所示的"渐变填充"对话框，在这里设置蓝色到紫色的渐变，并设置"线性"渐变方式和渐变角度（90°）。

图 3-39 "新建图层"对话框

图 3-40　"渐变填充"对话框

3）单击"确定"按钮，生成的图像及新建的填充图层如图 3-41 所示。

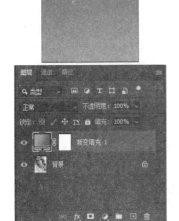

图 3-41　生成的图像及新建填充图层

4）对图层蒙版进行编辑。按住 Alt 键，单击"图层"控制面板中新建的填充图层右侧的图层蒙版缩略图，此时图像呈现白色，表示当前正对图层蒙版进行操作，未经过编辑的图层蒙版为白色。在工具箱中选中渐变工具 ，在工具属性栏上设置黑色到白色渐变，并选择径向渐变方式，用鼠标在图中拉出渐变图案，如图 3-42 所示。

图 3-42　编辑图层蒙版

5）按住 Alt 键再次单击"控制"面板中的图层蒙版缩略图，关闭图层蒙版的显示，得到填充图层和背景图层合成的效果，如图 3-43 所示。

图 3-43　填充图层和背景图层合成效果

6）对图层蒙版使用"添加杂色"和"径向模糊"滤镜，最终效果如图 3-44 所示。

需要注意的是，对填充图层和调整图层的操作都是针对图层蒙版的，并不能改变填充图层和调整图层本身的效果，看到的图像整体效果的变化也都是图层蒙版引起的。这和普通图层的操作不同，如果普通图层添加有图层蒙版，可以分别对图层和该图层蒙版进行编辑。

图 3-44　最终效果图

提示
执行"图层"→"栅格化"→"填充内容"命令可将填充图层转换为调整图层。

（4）创建文字图层　在工具箱中选中文字工具 **T**，在图像中单击，即可创建文字图层。文字图层在"图层"控制面板中以 T 符号表示。

由于 Photoshop 的大部分图像编辑命令都不能用于文字图层，因此如果要对文本进行一些特殊处理（如颜色调整、添加滤镜效果等），需首先将文字图层转换为普通图层。要转换文字图层，可在该图层上右击，然后在弹出的快捷菜单（见图 3-45）中选择"栅格化文字"命令，或者在选中该图层后，执行"图层"→"栅格化"→"文字"命令也可将文字图层转换为普通图层。

将文字图层转换为普通图层后，该图层列表左侧的 T 符号将消失，此时用户就可以像处理其他普通图层一样处理该图层了。但是这种转换是不可逆的，即文字图层在被转换为普通图层后就不可能再被转换为文字图层了。因此，在将文字图层转换为普通图层

之前，应确定文本的字体和大小不需要再进行修改。虽然在普通图层中也可通过变换命令改变文字的大小，但这会造成一定程度的失真，所以最好在文字图层中完成对文字的相关设置。

图 3-45　快捷菜单

（5）创建形状图层　用户可以使用形状工具来制作矢量图形。当用户使用形状工具

绘制矢量图形时，系统会自动创建形状图层。

　　选择自定义形状工具，在工具属性栏上选择要绘制图形的形状，绘制的图形及新建形状图层如图 3-46 所示。由于当前前景色为红色，故系统自动以红色填充形状区域。每次绘制时按下 Shift 键，绘制的图形都将位于同一形状图层中，否则，每次绘制时系统都将建立一个新的形状图层。

图 3-46　绘制的图形及新建形状图层

　　如果想改变图形，可在工具箱中选中直接选择工具，然后单击图形的边线，此时将在图形的边线上显示其控制点（又称锚点），通过编辑图形的锚点即可改变图形。选中路径选择工具可移动图形的位置，如图 3-47 所示。

图 3-47　更改和移动图形

提示
执行"图层"→"栅格化"→"形状"命令可把形状图层转换为普通图层。

2. 删除、复制和移动图层

　　要删除某个图层，只需在"图层"控制面板中选中该图层，然后单击下方的按钮，或者执行"图层"→"删除"→"图层"命令，或者在"图层"控制面板中直接将要删除的图层拖至按钮上。

　　用户可将图像中的图层复制到本图像中或其他图像中。要复制到本图像中，可在"图层"控制面板中直接将该图层拖至按钮上。此外，在选中要复制的图层后右击，或执行"图层"→"复制图层"命令，也可复制图层，此时将弹出如图 3-48 所示的"复制图层"对话框。用户可在此对话框中设置图层名称，选择要复制的文件。在对话框的"文档"下拉列表中列出了当前 Photoshop 所打开的所有图像文件，若在该下拉列表中选择"新建"，可将选定的图层复制到一个新的图像文件中，此时下方的"名称"文本框变为可用，在此可输入新建图像文件的名称。

图 3-48　"复制图层"对话框

　　用户还可以将选区中的图像制作为新层。在选定图像区域后，右击，将弹出一个快捷菜单，选择其中的"通过拷贝的图层"或"通过剪切的图层"命令，可将选定区域制作为新图层，前者将保持原图层该区域的图像。

按住 Ctrl 键,并在图像中拖动鼠标指针,将移动当前图层中的图像。如果图层中制作有选区(选区内不能为空),将鼠标指针移至该选区内,按住 Ctrl 键并拖动鼠标,将移动当前图层中选区内的图像。如果在移动的同时按住 Alt 键,将复制当前图层。

3.调整图层的叠放次序

Photoshop 的图层是自上而下一层层叠放的,而且总是上面的图层覆盖下面的图层,如果改变图层的叠放次序,将得到不同的显示效果。

要调整图层的叠放次序,只需简单地在"图层"控制面板中拖动选定的图层到指定位置即可。另外,还可选择"图层"→"排列"命令,在弹出的如图 3-49 所示的子菜单中选择适当的命令调整当前图层的位置。

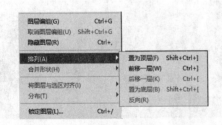

图 3-49　调整图层叠放次序子菜单

4.图层的合并

在处理图像时,为了节省磁盘空间或者由于操作的需要,往往需要将一些图层合并为一个图层,这时就要用到图层合并命令。"图层"主菜单和"图层"控制面板的快捷菜单中有三个图层合并命令,如图 3-50 所示。

合并图层(E)	Ctrl+E
合并可见图层	Shift+Ctrl+E
拼合图像(F)	

图 3-50　图层合并命令

执行"向下合并"命令将使当前图层和其下的第一个图层合并,当其下的第一个图层不可见时,该命令不可用。如果当前图层与某可见图层建立了链接,则该命令变为"合并链接图层"。

执行"合并可见图层"命令将合并"图层"控制面板中带有 ⊙ 标志的所有图层。

执行"拼合图像"命令将合并所有图层,并在合并的过程中丢弃所有隐藏图层。

5.对齐图层

若当前图层有链接图层,选择"图层"→"对齐"菜单项将弹出如图 3-51 所示的子菜单,选择其中的命令可以当前图层为准重新排列链接图层。

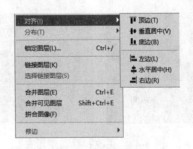

图 3-51　对齐链接图层子菜单

用户必须在建立了两个或两个以上的链接图层后,"对齐"命令才有效。图 3-52~图 3-56 所示为原图及其几种对齐方式的效果。

图 3-52　原图

图 3-53　顶边对齐

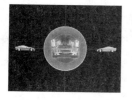

图 3-54　垂直居中

图 3-55　左边对齐

图 3-56　水平居中

如果图像中制作了选区，"对齐"菜单将变为"将图层与选区对齐"。制作矩形选区后执行"左边"和"水平居中"命令的效果如图 3-57 所示。

a）左边对齐

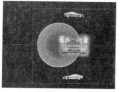

b）水平居中

图 3-57　与选区对齐

6. 创建剪辑组

当将鼠标指针移至"图层"控制面板两层之间的分界线上并按下 Alt 键时，鼠标指针会变为一个特殊的形状，一个向下的黑色箭头和一个白色矩形框，此时单击，将创建一个剪辑组。下面举一个实例来说明其用法。

1）打开如图 3-58 所示的图像，图中有三个图层，即"叶""脸"和"背景"。其中，"叶"层的不透明度为 100%，因此其覆盖了下面两个图层的内容。

图 3-58　原图

2）使用套索工具勾选出人脸的轮廓，并存储选区。选中"叶"层，载入选区，然后反向选择，再将其删除。

3）选中"叶"层，按上述方法将"叶"层和"脸"层合并为剪辑组，如图 3-59 所示。此时，剪辑组底层的名称下增加了一条下划线。

图 3-59　创建剪辑组

4）调整"脸"层的不透明度到 50%，结果如图 3-60 所示。由此可以看出，剪辑组的不透明度取决于底层图像的不透明度，底层图像的色彩混合模式也决定着整个剪辑组的色彩混合模式。

图 3-60　调整"脸"层的不透明度

取消剪辑组的方法和创建剪辑组的方法一样，将鼠标指针移至剪辑组两层分界线上，按下 Alt 键并单击即可。

如果要将多个相邻的图层创建为剪辑组，则应首先为这些图层设置链接，然后执行"图层"→"图层编组"命令。若要取消由多个图层建立的剪辑组，只需在按住 Alt 键的同时在最下面一条图层分界线上单击即可，也可通过执行"图层"→"取消图层编组"命令来撤销剪辑组。

7. 使用蒙版

蒙版可用来显示或隐藏图层的部分区域，或保护区域以免被编辑。可以创建两种类型的蒙版：一种是图层蒙版，它是与分辨率相关的位图图像，一般由绘画或选择工具创建；另一种是矢量蒙版，其与分辨率无关，并且由钢笔或形状工具创建。

图层蒙版是一种灰度图像，因此用白色绘制的区域是可见的，用黑色绘制的区域将被隐藏，而用灰度梯度绘制的区域则会出现在不同层次的透明区域中。矢量蒙版可在图层上创建锐边形状，无论何时想要添加边缘清晰分明的设计元素时，矢量蒙版都非常有用。使用矢量蒙版创建图层之后，可以向该图层应用一个或多个图层样式，如果需要，还可以编辑这些图层样式，并且立即会有可用的按钮、面板或其他 Web 设计元素。

（1）创建图层蒙版　选择"图层"→"图层蒙版"菜单项，弹出如图 3-61 所示的子菜单。

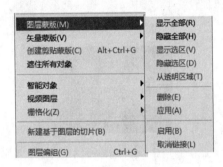

图 3-61　图层蒙版子菜单

其中，"显示选区"和"隐藏选区"命令只有在制作了选区后才可用，"删除""应用""启用"和"取消链接"命令在创建了图层蒙版和建立链接后才可用。若在图中制作了一个椭圆形选区，选择图 3-61 中的部分命令创建图层蒙版后的"图层"控制面板如图 3-62 所示。

图层蒙版的白色区域为图层的显示区，黑色部分为图层的隐藏区。

（2）编辑图层蒙版　可以利用填充、渐变等命令对图层蒙版进行编辑，但图层蒙版为 256 色灰度图像，无论用什么色彩编辑图层蒙版，最后都将转换为黑色、灰色或白色。在图层蒙版中使用渐变可制作图层互相融合的效果。下面来看一个实例。

a）显示全部　　　　b）隐藏全部

c）显示选区　　　　d）隐藏选区

e）从透明区域

图 3-62　创建图层蒙版

打开如图 3-63 所示的图像，设置"图层 2"为当前图层，单击"图层"控制面板中的 ⊙ 按钮创建图层蒙版，将默认创建一个显示全部的图层蒙版。

图 3-63　创建图层蒙版

选中渐变工具 ▣，设置渐变颜色为白色到黑色渐变，渐变方式为线性渐变。单击"图层 2"中的图层蒙版缩略图，表示当前对图层蒙版进行操作，从图的左边到右边拖动鼠标左键制作渐变，效果如图 3-64 所示。可以看出，"图层 1"和"图层 2"很好地融合了。

图 3-64　制作渐变效果

（3）渐变图层蒙版转换为选区　可随时根据需要将图层蒙版转换为选区。在"图层"控制面板中右击图层蒙版缩略图，打开如图 3-65 所示的快捷菜单，选择适当的命令就可将图层蒙版转换为选区。

图 3-65　图层蒙版快捷菜单

（4）停用、删除和应用图层蒙版　如果想停用或删除图层蒙版，可选择图 3-65 中相应的命令。图层蒙版一旦停用，会在图层蒙版缩略图上出现一个红色的"×"符号，如图 3-66 所示。如果要重新打开图层蒙版，右击蒙版缩略图，弹出快捷菜单，此时"停用图层蒙版"变为"启用图层蒙版"，选择该命令即可。

图 3-66　停用图层蒙版

执行快捷菜单中的"应用图层蒙版"命令可将图层蒙版效果应用到图层当中，图层蒙版随即被删除。由于"应用图层蒙版"对图层的更改是不可恢复的，因此在执行该命令前一定要确定图像已达到了满意的效果。

（5）创建矢量蒙版　选择形状工具可直接创建带矢量蒙版的图层，也可用钢笔工具绘制路径，然后执行"图层"→"矢量蒙版"→"当前路径"命令创建基于当前路径的矢量蒙版。

8. 设置图层样式

在 Photoshop 中，用户可以为图层添加图层样式来制作各种特殊效果。例如，要为某图层制作斜面和浮雕，只需在选中该图层后，单击"图层"控制面板中的 fx 按钮，在弹出的快捷菜单中选择"斜面和浮雕"命令，打开"图层样式"对话框，在对话框中设置相

关参数，然后单击"确定"按钮，图层的斜面和浮雕效果就完成了。

图层样式快捷菜单如图 3-67 所示，菜单中有多个命令，每个命令对应一种图层样式。选中任意一个命令都将打开如图 3-68 所示的"图层样式"对话框。

图 3-67　图层样式快捷菜单

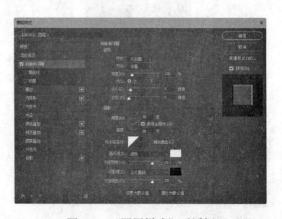

图 3-68　"图层样式"对话框

在"图层样式"对话框的左侧可选择要添加的图层样式，用户可以为一个图层添加几种图层样式，选中的样式名称前面会被打上"√"符号，当前设置的样式以灰底高亮显示，如图 3-68 中的"斜面和浮雕"。

对话框的中间为图层样式设置区，该区

域中列出了当前选中样式可供设置的所有参数，可以通过改变各种参数达到不同的效果。选中对话框右侧"预览"复选框，可以直观地观察参数的改变对图层样式的影响，从而有针对性地进行调整。

为图层添加图层样式后，"图层"控制面板列表区的右侧将出现 fx 按钮，如图 3-69 所示。单击 ⌄ 按钮可关闭或打开用于该图层的效果下拉列表。在打开效果下拉列表的情况下，单击其中的图层样式前的 ◉ 可关闭或打开该样式的效果。

图 3-69 添加图层样式后的"图层"控制面板

在有图层样式的图层上右击，打开快捷菜单，执行其中的"拷贝图层样式"命令可复制当前图层的样式，然后在需要添加同一图层样式的图层上右击，执行"粘贴图层样式"命令，就可将该图层样式应用到当前图层中。如果执行快捷菜单中的"清除图层样式"命令，可删除当前图层的样式。

如果要更改设置好的图层样式的效果，可双击该图层，重新打开"图层样式"对话框，更改相关参数。

在制作好图层样式之后，可将其保存在"样式"控制面板中。单击"样式"控制

面板右上角的 ▤ 按钮，在弹出的菜单中执行"新建样式预设"命令，打开如图 3-70 所示的"新建样式"对话框，设置选项后单击"确定"按钮，即可将当前图层的样式存储到"样式"控制面板中。

图 3-70 "新建样式"对话框

3.2 图层的应用

熟悉图层的操作是熟练使用 Photoshop 的基础。图层的操作并不复杂，但是其包含的功能却很多。正确处理图层与图层之间的关系、恰当使用图层样式和色彩混合模式是操作图层的关键。在实际应用的过程中，图层可发挥的空间很大，如给图层添加各种样式，调整图层的不透明度和色彩混合模式，编辑图层蒙版产生渐隐效果等。

调整不同图层的不透明度及色彩混合模式可得到有较强层次感的图像，如图 3-71 和图 3-72 所示。

 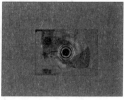

图 3-71 示例图 1   图 3-72 示例图 2

下面通过实例介绍图层在实际中的应用。

3.2.1 空中殿堂 ——Photoshop 体现立体空间

虽然 Photoshop 是纯粹的平面图像处理软件，但只要设计者拥有较强的空间思维能力，了解三维透视原理，再加上一些图像处理技巧，一样可以用 Photoshop 制作出立体感很强的作品。

如图 3-73 所示，这幅作品主要使用地板、相册和一大一小两只海鸥来体现空间立体感，飞翔的海鸥也增加了图像的动感，再加上远处的云彩和地板的倒影，整幅图像的三维立体感非常强烈。要说明的是，制作倒影时要注意视觉原理，如图中远处那只海鸥的倒影相对于云彩的倒影的位置与空中海鸥相对于云彩的位置是有差异的，这应该在作品中有所体现。

图 3-73 空中殿堂

通过这个实例，读者除了可以学到使用 Photoshop 体现空间感的技巧外，还可以更加熟悉图层的相关操作，如图层的链接与合并、图层蒙版的使用和图层样式等。此外，此实例还涉及了自定义图案的知识，可以帮助读者熟练掌握其应用。

"空中殿堂"的制作过程如下：

1）创建图像。执行"文件"→"新建"命令，新建一个 200×200、背景色为白色的 RGB 图像，如图 3-74 所示。

2）执行"视图"→"显示"→"网格"命令，显示网格，如图 3-75 所示。若网格大小不合适，可执行"编辑"→"首选项"→"参考线、网格和切片"命令，打开"首选项"对话框，设置网格线间距为 100 像素，使得网格正好将图像平分为 4 个正方形。

 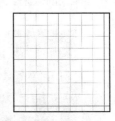

图 3-74 新建图像　　　图 3-75 显示网格

3）用矩形选框工具制作如图 3-76 所示的选区。利用网格制作这样的选区非常方便。

4）执行"编辑"→"填充"命令，对选区进行填充，然后再次执行"视图"→"显示"→"网格"命令，隐藏网格，并按 Ctrl+D 组合键取消选区，结果如图 3-77 所示。

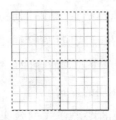 

图 3-76 制作正方形选区　　图 3-77 填充选区

5）执行"编辑"→"定义图案"命令，在弹出的对话框的"名称"文本框中将此黑白方格定义为新的图案，如图 3-78 所示。

图 3-78 "图案名称"对话框

6）打开如图 3-79 所示的素材图像。

图 3-79 素材图像

7）执行"文件"→"存储为"命令，将该素材图像另存为"空中殿堂"文档，选择 PSD 格式，结果如图 3-80 所示。接下来的操作将都在"空中殿堂"文档中进行。

图 3-80 另存图像

8）单击"图层"控制面板中的 ⊞ 按钮，新建"图层 1"，用矩形选框工具制作一个矩形选区，然后执行"编辑"→"填充"命令，填充刚才定义的图案。"填充"对话框和填充结果如图 3-81 所示。

9）按 Ctrl+D 组合键取消选区。执行"编辑"→"变换"→"透视"命令，对"图层 1"

进行透视变换，使得方格产生由远至近的效果，如图 3-82 所示。

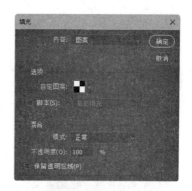

图 3-81 "填充"对话框和填充结果

图 3-82 透视变换

10）右击，在弹出的快捷菜单中选择"自由变换"命令，将方格压扁些。变换完毕后在变换区内双击，应用变换，结果如图 3-83 所示。

图 3-83 自由变换

11）打开如图 3-84 所示的素材图像。

图 3-84　素材图像

12）用魔棒选择工具 选取图中白色区域，如图 3-85 所示。

图 3-85　选择白色区域

13）执行"选择"→"反选"命令，反转选区，选中白色以外的部分，按 Ctrl+C 组合键复制选区中的内容，回到主图中，按 Ctrl+V 组合键粘贴图像，主图及其"图层"控制面板如图 3-86 所示。此时，空间立体感已得到体现。

图 3-86　复制图像后的主图及其"图层"

控制面板

14）下面开始制作相框。打开如图 3-87 所示的素材图像。

图 3-87　素材图像

15）用矩形选框工具制作选区，选取要放入相框的部分，如图 3-88 所示。

图 3-88　制作矩形选区

16）选择移动工具，按住 Alt 键，将选区中的内容从素材图像拖动到主图中，完成复制，主图中将自动创建一个新图层（图层 3）。此时主图和"图层"控制面板如图 3-89 所示。

图 3-89　复制图像后的主图及其"图层"

控制面板

17）执行"编辑"→"自由变换"命令，适当调整"图层 3"中图像的大小，如图 3-90 所示。

图 3-90 自由变换图像

18）按住 Ctrl 键，单击"图层 3"，载入该图层选区。执行"选择"→"修改"→"平滑"命令，在弹出的对话框中设置"取样半径"为 10 个像素，结果如图 3-91 所示。

图 3-91 载入并平滑选区

19）执行"选择"→"反向"命令，反转选区，按 Delete 键删除选区中的内容，结果如图 3-92 所示。

图 3-92 反转选区并删除内容

20）按 Ctrl+D 组合键取消选区，然后用矩形选框工具制作如图 3-93 所示的选区。

图 3-93 制作矩形选区

21）按下 Ctrl+Alt 组合键，单击"图层 3"，从矩形选区中减去"图层 3"内容对应的选区，结果如图 3-94 所示。

图 3-94 从矩形选区中减去"图层 3"
内容对应选区

22）执行"编辑"→"填充"命令，设置"填充"对话框和填充效果如图 3-95 所示。

图 3-95 设置"填充"对话框和填充效果

23）将"图层 3"进行复制，并命名为"图层 4"，按 Ctrl+D 组合键取消选区。双击"图层 4"，打开"图层样式"对话框，为图层 4 添加图层样式，"图层样式"对话框设置和图像效果如图 3-96 所示。

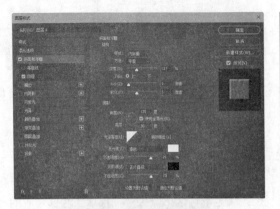

图 3-96 "图层样式"对话框设置和图像效果

24）将"图层 3"和"图层 4"建立链接，然后执行"编辑"→"变换"→"扭曲"命令，将链接图层进行变换，如图 3-97 所示。

图 3-97 建立"图层 3"和"图层 4"的链接并进行变换

25）下面再做一个相框（方法与前一个相框稍有不同）。打开如图 3-98 和图 3-99 所示的两个素材图像。

图 3-98 素材图像 1

图 3-99 素材图像 2

26）素材图像 2 为当前文件，执行"图层"→"复制图层"命令，打开"复制图层"对话框，将该图层复制到素材图像 1 中，如图 3-100 所示。

图 3-100 复制图层

27）素材图像 1 为当前文件，单击"图层"控制面板中的按钮，为刚复制的图层添加图层蒙版，如图 3-101 所示。

图 3-101 添加图层蒙版

28）选择渐变工具，在工具属性栏上设置白色到黑色渐变，再单击图层蒙版缩略图，从左至右拖动鼠标指针制作出渐变效果，如图 3-102 所示。可以看出，两个图层相互融合在了一起。

图 3-102 制作渐变效果

29）在工具箱中选择裁剪工具，在图中选择裁剪区域，将其作为要放到相框中的图像，如图 3-103 所示。

图 3-103 选择裁剪区域

30）在要裁剪的区域中双击，裁剪图像，结果如图 3-104 所示。

图 3-104 裁剪图像

31）执行"图像"→"画布大小"命令，在弹出的"画布大小"对话框中设置参数，调整画布大小，如图 3-105 所示。然后设置当前背景色为黑色。

图 3-105 调整画布大小

32）用魔棒工具选出图中黑色区域，如图 3-106 所示。然后执行"编辑"→"填

充"命令，填充图案如图 3-107 所示。

图 3-106　选出黑色区域

图 3-107　用图案填充黑色区域

33）复制"背景层"，并命名为"图层2"，按 Ctrl+D 组合键取消选区，双击"图

层 2"，打开"图层样式"对话框，为其添加"斜面和浮雕"图层样式，选中"纹理"复选框，如图 3-108 所示。

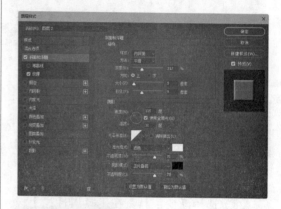

图 3-108　添加图层样式

34）执行"图层"→"合并可见图层"命令，将所有图层合并，按 Ctrl+A 组合键全选图像，再按 Ctrl+C 组合键复制，然后关闭素材图像。

35）回到主图中，按 Ctrl+V 组合键粘贴刚才复制的图像，系统会自动创建"图层 5"，如图 3-109 所示。

图 3-109　复制图像

36）执行"编辑"→"变换"→"扭曲"命令，变换"图层 5"中的图像，如图 3-110 所示。

图 3-110　扭曲变换图像

37）选中"图层 4"，执行"图层"|"向下合并"命令，合并"图层 4"和"图层 3"。然后分别对两个相框图层执行"图像"|"调整"|"曲线"命令，适当调整其曲线，如图 3-111 所示。

图 3-111　调整曲线

38）下面开始制作地板的反光效果。复制左侧相框图层为"倒影层 1"，执行"编辑"|"变换"|"垂直翻转"命令，然后执行"编辑"|"变换"|"扭曲"命令，将其变换为相框的倒影，如图 3-112 所示。

39）复制右侧相框图层为"倒影层 2"，执行"编辑"|"变换"|"垂直翻转"命令，然后执行"编辑"|"变换"|"扭曲"

命令，将其变换为右侧相框的反倒影，如图 3-113 所示。

图 3-112　制作左侧相框倒影

图 3-113　制作右侧相框倒影

40）复制"图层 2"（门图层）为"倒影层 3"，执行"编辑"|"变换"|"垂直翻转"命令，将其垂直翻转，并移至适当位置，如图 3-114 所示。

图 3-114　制作门倒影

41）建立"倒影层 1""倒影层 2"与"倒影层 3"的链接，此时的"图层"控制面板如图 3-115 所示。

图 3-115　建立倒影层链接后的"图层"控制面板

42）执行"图层"→"合并图层"命令，将三个倒影层合并为一个倒影层，然后在"图层"控制面板中调节该倒影层的不透明度为 50%，如图 3-116 所示。

图 3-116　合并倒影层并调整不透明度为 50%

43）下面在空中放入一大一小两只海鸥，增加图像的动感与立体感。打开如图 3-117 所示的素材图像。

图 3-117　素材图像

44）用魔棒工具 ![魔棒] 选取海鸥以外的区域，然后执行"选择"→"反选"命令，反转选区，再按 Ctrl+C 组合键复制海鸥，如图 3-118 所示。

图 3-118　选取海鸥

45）回到主图，按 Ctrl+V 组合键粘贴图像，系统自动创建"图层 6"。双击"图层 6"的名称，将"图层 6"重命名为"海鸥"，如图 3-119 所示。

46）复制"海鸥"图层为"海鸥拷贝"图层，执行"编辑"→"自由变换"命令，将其旋转一定角度并缩小，放入门中，使这只海鸥看上去似乎即将飞入，如图 3-120 所示。

图 3-119　复制海鸥并重命名

图 3-120　复制"海鸥"图层

47）复制"海鸥拷贝"图层为"倒影层4"，执行"编辑"→"变换"→"垂直翻转"命令，将其翻转，然后用移动工具 中 将其移动到适当位置，调整该图层不透明度为50%，并将该图层与倒影层合并，制作完成的远处海鸥的倒影效果如图 3-121 所示。近处的海鸥由于视角的缘故，无法看到其倒影。

图 3-121　制作完成的远处海鸥的倒影效果

48）复制"背景"图层为"背景拷贝"图层，用移动工具将该层图像向上移动一段距离，现出天空的云彩，如图 3-122 所示。

图 3-122　移动背景图像

49）此时图中部分云层偏暗，影响整幅图的效果，需将其调亮些。选择魔棒工具，在工具属性栏上设置容差为 20，不选中"连续的"复选框，在图中云层暗处单击，得到如图 3-123 所示的选区。

图 3-123　选取云层偏暗部分作为选区

50）执行"选择"→"修改"→"羽化"命令，在打开的"羽化选区"对话框中设置"羽化半径"为 10 个像素，单击"确定"按钮，此时的羽化选区如图 3-124 所示。

图 3-124　羽化选区

51）执行"图像"→"调整"→"亮度/对比度"命令，增加亮度，如图 3-125 所示。

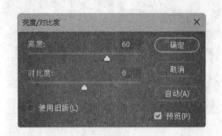

图 3-125　增加亮度

52）按 Ctrl+D 组合键取消选区，执行"图像"→"自动对比度"命令，结果如图 3-126 所示。

图 3-126　"自动对比度"调整后的图像

53）执行"图像"→"调整"→"色相/饱和度"命令，打开"色相/饱和度"对话框，调整色相及饱和度如图 3-127 所示。

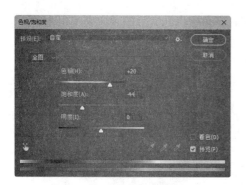

图 3-127　调整色相及饱和度

54）复制"背景拷贝"图层为"倒影层 5"，调整不透明度为 50%，执行"编辑"→"变换"→"垂直翻转"命令，将其翻转，并用移动工具向下移动到适当位置，制作天空倒影，如图 3-128 所示。

图 3-128　制作天空倒影

55）按住 Ctrl 键单击"倒影层"，载入"倒影层"图像对应的选区，按 Delete 键删去天空倒影中应该被遮住的区域，如图 3-129 所示。

图 3-129　载入"倒影层"选区并删除
天空倒影中被遮住区域

56）按 Ctrl+D 组合键取消选区，将"倒影层 5"和"倒影层"合并，然后执行"图像"→"调整"→"亮度 / 对比度"命令，降低"倒影层"的亮度，如图 3-130 所示。

图 3-130　降低"倒影层"亮度

57）由于黑色的地砖反射的倒影会暗些，因此需对倒影做一些调整。选中"图层 1"（地砖层），选择魔棒工具，在工具属性栏上取消对"连续的"复选框的选择，在任一块黑色地砖上单击，选中所有的黑色地砖，然后切换到"倒影层"，执行"图像"→"调整"→"亮度 / 对比度"命令，降低选区部分的亮度，然后取消选区。制作完成的空中殿堂如图 3-131 所示。

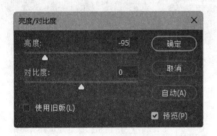

图 3-131　制作完成的空中殿堂

3.2.2　War should be ended——公益海报设计

公益海报的种类很多，图 3-132 所示的这幅作品选择战争作为题材，发出"停止战争"的呼唤，是一张带有呼吁性质的海报。

这幅作品的构图并不复杂，主要是通过将相关题材的图片经过处理组合，叠放出一定的层次，然后利用左上角士兵茫然的眼神

和右下角醒目的文字的呼应来突出主题。

图 3-132　公益海报

公益海报这个实例主要需要运用图层的知识，涉及图层的链接、图层蒙版和文字图层的使用等。其中，图层蒙版的两种创建方法在这里都能找到实际的运用。

1）执行"文件"→"新建"命令，新建一个 500×400 的 RGB 图像，背景色设置为黑色，如图 3-133 所示。

图 3-133　新建图像

2）打开若干幅素材图像，在每幅素材图像中执行"选择"→"全部"和"编辑"→"拷贝"命令，并回到主图中执行"编辑"→"粘贴"命令。复制全部素材图像后的主图的"图层"控制面板如图 3-134 所示。

3）单击"图层"控制面板中的 ⊞ 按钮，新建一个"临时图层"，并用鼠标将其拖动放置在"图层 3"之上，用矩形选框工具制作如图 3-135a 所示的选区（按住 Shift 键制作不连

续的选区），然后执行"编辑"→"填充"命令，为"临时图层"填充白色。此时"图层"控制面板如图 3-135b 所示。

图 3-134　复制素材图像后的"图层"控制面板

a）

b）

图 3-135　新建选区及创建临时图层后的
"图层"控制面板

4）按 Ctrl+D 组合键取消选区，选中"图层 1"，执行"编辑"→"自由变换"命令，

适当改变其大小，并放在图中左侧位置，如图 3-136 所示。

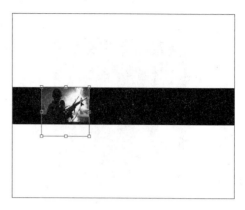

图 3-136　对图层 1 进行自由变换

5）依次对"图层 2"和"图层 3"中的图像执行"编辑"→"自由变换"命令，结果如图 3-137 所示。

图 3-137　对图层 2 和图层 3 进行自由变换

6）建立"图层 1""图层 2"和"图层 3"之间的链接，设置"图层 3"为当前图层，如图 3-138 所示。

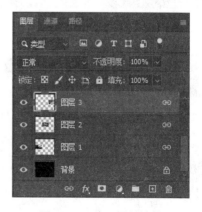

图 3-138　建立图层链接

7）执行"图层"→"合并图层"命令，将链接图层合并，此时"图层"控制面板如图 3-139 所示。

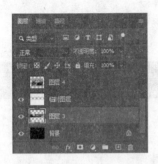

图 3-139　合并链接图层后的"图层"控制面板

8）按住 Ctrl 键单击"临时图层"，载入该图层选区，设置"图层 3"（合并后的图层）为当前图层，按 Delete 键删除选区内容。此时，"临时图层"的任务已完成，可在"图层"控制面板中拖动"临时图层"到 按钮上将其删除，如图 3-140 所示。

图 3-140　删除临时图层

9）单击"图层"控制面板中的 按钮，为"图层 3"添加图层蒙版，选择工具箱中的渐变工具，在工具属性栏上设置白色到黑色渐变，并选择对称渐变方式（单击属性栏上的 按钮），然后在图中从中间向右侧（或左侧）拖动鼠标指针，给图层蒙版制作渐变图案，结果如图 3-141 所示。

图 3-141　添加图层蒙版并制作渐变图案

10）设置"图层 4"为当前图层，执行"编辑"→"自由变换"命令，改变该图层中图像的大小，并移至中间位置，如图 3-142 所示。

图 3-142　对图层 4 进行自由变换

11）按住 Ctrl 键单击"图层 4"，载入选区，执行"选择"→"修改"→"羽化"命令，设置"羽化半径"为 10 个像素，结果如图 3-143 所示。

图 3-143　羽化选区

12）执行"选择"→"反选"命令，反转选区，按 Delete 键若干次，删除羽化棱角，结果如图 3-144 所示。

图 3-144　删除羽化棱角

13）按 Ctrl+D 组合键取消选区，再次执行"编辑"→"自由变换"命令，调整图像，并调整图层不透明度为 50%，结果如图 3-145 所示。

图 3-145　对图像进行自由变换并调整
图层不透明度

14）设置"图层 5"为当前图层，执行"编辑"→"自由变换"命令，缩小图像，并移至如图 3-146 所示的位置。

图 3-146　对图像进行自由变换并移动位置

15）按住 Ctrl 键单击"图层 5"，载入"图层 5"的选区，执行"编辑"→"描边"命令，对选区描边，描边宽度设置为 1 个像素，并选择白色。然后按 Ctrl+D 组合键取消选区，结果如图 3-147 所示。

16）在"图层"控制面板中调整"图层

5"的不透明度为 80%，结果如图 3-148 所示。

图 3-147　对选区描边并取消选区

图 3-148　调整不透明度

17）设置"图层 6"为当前图层，用磁性套索工具选中士兵的头部区域，如图 3-149 所示。

图 3-149　选中士兵的头部区域

18）按 Delete 键删除选区部分，然后选择套索工具，在工具属性栏上设置"羽化半径"为 20 个像素，制作羽化选区如图 3-150 所示。

图 3-150　制作羽化选区

19）按 Delete 键若干次删除选区中的内容，并按 Ctrl+D 组合键取消选区，结果如图 3-151 所示。

图 3-151　删除选区内容

20）执行"编辑"→"自由变换"命令，缩小图像，并将其移至图 3-152 所示的位置。

图 3-152　对图像进行自由变换并移动位置

21）在工具箱中选择文字工具 **T**，在图中单击，进入文字编辑状态，然后输入"war should be ended"，如图 3-153 所示。

图 3-153　输入文字

22）在工具属性栏上调整字体的大小，突出"War"单词，按 Enter 键将"should be ended"分行，并移动文字到适当位置，如图 3-154 所示。

图 3-154　编辑文字

23）在"图层"控制面板中右击文字图层，选择"栅格化文字"命令，将文字图层转换为普通图层，如图 3-155 所示。

图 3-155　栅格化文字图层

24）用矩形选框工具制作如图 3-156 所示的选区。

图 3-156　制作选区

25）在选区内右击，在弹出的快捷菜单中选择"通过剪切的图层"命令，将"War"剪切到另一个图层中。此时"图层"控制面板如图 3-157 所示。

图 3-157　剪切图层后的"图层"控制面板

26）切换到"图层 4"，按住 Ctrl 键并单击该图层载入选区，然后按 Ctrl+C 组合键复制图像。

27）再切换到"War"图层，按住 Ctrl 键单击该图层，载入选区，然后选择"编辑"→"选择性粘贴"→"贴入"命令，结果和"图层"控制面板如图 3-158 所示。可以看出，系统自动建立一带有图层蒙版的图层。

图 3-158　执行"贴入"命令的结果及其
"图层"控制面板

28）选择移动工具 ⊕，移动"图层 7"中的图像，使得"War"字中的内容与背景更加和谐。然后按住 Ctrl 键单击"War"图层，载入选区，执行"编辑"→"描边"命令，以默认设置（先前设置的 1 个像素宽度，白色）描边，按 Ctrl+D 组合键取消选区，再调整"图层 7"的不透明度为 80%，结果如图 3-159 所示。

图 3-159　对选区描边

29）选中"should be ended"图层，用移动工具 ⊕ 将该图层中的内容稍微移动位置。制作完成的公益海报如图 3-160 所示。

图 3-160　制作完成的公益海报

3.2.3　《Huge RISK》——电影海报设计

电影海报是电影主要的宣传手段之一，电影海报设计的优劣对电影的市场有重要的影响。

下面试着为一部名为《Huge RISK》的电影设计一幅电影海报。这部电影讲述的是 James Crystal 饰演的 David 在敌军中当间谍的故事。由于男主角处于随时都可能丧命的危险境地，为了表现战争的冷酷，这里选择黑白两色作为海报的主色调；考虑到男主角身份具有两重性，故将其头像置于黑白交界处，且一分为二，并在头像额头制作一个靶心来表现其处境凶险，以增加悬念；同时采用特殊的文字效果。这就是这张海报的整体构思，制作的电影海报如图 3-161 所示。

图 3-161　电影海报

这张海报的制作综合运用了图层、滤镜、路径等知识，并借助网格和参考线对部分内容进行了准确处理，还涉及了选区的一些特殊操作，涵盖的知识面较广。

这张电影海报的具体制作过程如下：

1）新建一个 600×450 的 RGB 图像，命名为"Huge RISK"，背景色设置为黑色，如图 3-162 所示。

图 3-162　新建图像

2）下面开始制作男主角的头像。打开如图 3-163 所示的素材图像。

图 3-163　素材图像

3）执行"图像"→"调整"→"曲线"命令，在弹出的"曲线"对话框中调整曲线，使得图像更暗些，如图 3-164 所示。

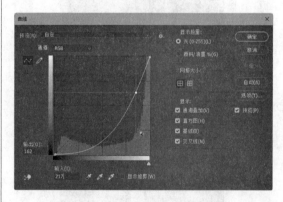

图 3-164　调整曲线

4）在工具箱中选择套索工具 ，制作如图 3-165 所示的选区。

图 3-165　使用套索工具制作选区

5）按 Ctrl+C 组合键复制图像，然后关闭素材图像，回到主图中，按 Ctrl+V 组合键粘贴图像，系统会自动创建"图层 1"，结果如图 3-166 所示。

图 3-166　复制图像

6）此时头像和背景黑色不够协调，白色部分和背景反差较大，需要删除一些头像边界。按住 Ctrl 键单击"图层 1"，载入选区，如图 3-167 所示。

图 3-167　载入选区

7）执行"选择"→"修改"→"收

缩"命令，将选区收缩 5 个像素，如图 3-168 所示。

图 3-168　收缩选区

8）执行"选择"→"修改"→"羽化"命令，在弹出的对话框中设置"羽化半径"为 10 个像素，单击"确定"按钮。然后按 Shift+Ctrl+I 组合键反转选区，或执行"选择"→"反向"命令。羽化选区的结果如图 3-169 所示。

图 3-169　羽化选区

9）按 Delete 键若干次，删除头像边缘部分，由于羽化了选区，使得边界慢慢隐去，不再显得生硬，如图 3-170 所示。

图 3-170　删除头像边缘部分

10）按 Ctrl+D 组合键取消选区。按 Ctrl+T 组合键或执行"编辑"→"自由变换"命令，变换图像，然后将图像沿逆时针稍微旋转一个角度，将头像摆正，如图 3-171 所示。

图 3-171　旋转图像

11）在变换区内双击，应用变换，如图 3-172 所示。

图 3-172　应用变换

12）用矩形选框工具选中头像左半部分，制作如图 3-173 所示的选区。

图 3-173　制作选区

13）按 Delete 键删除选区中的内容，结果如图 3-174 所示。

图 3-174　删除选区内容

14）按 Ctrl+D 组合键取消选区，开始制作头像的左半部分。在"图层"控制面板中拖动"图层 1"到 ⊞ 按钮上，得到"图层 2"，如图 3-175 所示。由于复制后的图像在原位置上，故此时看起来没什么变化。

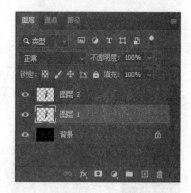

图 3-175　复制图层

15）将"图层 2"中的图像处理成为头像的左半部分。执行"编辑"→"变换"→"水平翻转"命令，将"图层 2"中的图像翻转，如图 3-176 所示。

图 3-176 翻转图像

16）选择移动工具 ，将翻转后的图像移至左侧，使其和右半部分拼合，如图 3-177 所示。移动时可按住 Shift 键，以便水平移动，细微处可用左右方向键调整。

图 3-177 移动图像使左、右部分拼合

17）执行"图层"→"向下合并"命令，合并"图层 1"和"图层 2"，得到"图层 1"。合并图层后的"图层"控制面板如图 3-178 所示。

图 3-178 合并图层后的"图层"控制面板

18）开始制作额头上的靶心。执行"视图"→"显示"→"网格"命令，打开网

格，按 Ctrl+T 组合键变换头像，将其移至如图 3-179 所示的位置。

图 3-179 显示网格并移动头像

19）执行"视图"→"标尺"命令，显示标尺，并拉出如图 3-180 所示的两条交叉参考线。

图 3-180 显示标尺并拉出参考线

20）在工具箱中选择单行选择工具 ，在水平参考线上单击，制作如图 3-181 所示的选区。

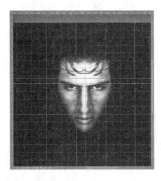

图 3-181 制作单行选区

21）按 Delete 键删除"图层 1"中选区内的内容，接着选择单列选择工具，在垂直参考线上单击制作选区，再次按 Delete 键。执行"视图"→"显示"→"网格"和"视图"→"显示"→"参考线"命令，隐藏网格和参考线。制作的"十"字如图 3-182 所示。

图 3-182　制作"十"字

22）显示网格，选择椭圆选框工具，将鼠标指针移至参考线交叉点附近，按住 Shift+Alt 组合键，拖动鼠标指针制作一个圆形选区，如图 3-183 所示。

图 3-183　制作圆形选区

23）执行"选择"→"修改"→"边界"命令，扩边 1 个像素，然后按 Delete 键，删除"图层 1"中选区内的内容。按同样的方法，制作另一个较大的圆形选区，并删除选区内的内容，然后隐藏网格。制作的靶心如图 3-184 所示。

24）用矩形选框工具制作如图 3-185 所示的选区。

图 3-184　制作靶心

图 3-185　制作矩形选区

25）隐藏标尺和参考线（方法同步骤 21）），单击"图层"控制面板中的 ⊞ 按钮，新建"图层 2"，将其拖至"图层 1"的下方，然后执行"编辑"→"填充"命令，在选区内填充白色，如图 3-186 所示。

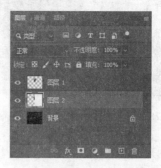

图 3-186　新建"图层 2"并填充选区

26）保留选区，设置"图层 1"为当前图层，执行"图像"→"调整"→"反相"命令，将头像的右半部分反相，如图 3-187 所示。

图 3-187　反相调整

27）按 Ctrl+D 组合键取消选区，按住 Ctrl 键，按向上方向键将头像稍微上移，如图 3-188 所示。至此，头像的制作完成。

图 3-188　上移头像

28）输入电影名。选择文字工具，在图中单击，首先输入"Huge"字样，通过工具属性栏把字设置大些，选择合适字体，然后按 Enter 键。再在图中单击，输入"RISK"字样，通过工具属性栏把字设置小些，选择合适字体，然后按 Enter 键。设置字的颜色均为白色，结果如图 3-189 所示。

图 3-189　输入电影名

29）按上述方法输入"James Crystal"和影片的简短介绍，如图 3-190 所示。

图 3-190　输入影片介绍等文字

30）对"Huge"和"RISK"进行处理。由于 Photoshop 的许多命令不能应用于文字图层，所以首先应将这两个文字图层转换为普通图层。在"图层"控制面板中右击该两个文字图层，在弹出的快捷菜单中选择"栅格化文字"，即把文字图层转换为普通图层，如图 3-191 所示。

图 3-191　栅格化图层

31）按住 Ctrl 键单击"Huge"图层，载入该图层选区，如图 3-192 所示。然后设置该图层为当前图层。

图 3-192　载入选区

32）在工具箱中选择渐变工具，在工具属性栏上设置渐变颜色如图 3-193 所示，设置不透明度为 100%。

图 3-193　设置渐变颜色

33）在"Huge"选区内从左上向右下拖动鼠标指针制作渐变，如图 3-194 所示。此时"Huge"看起来有受到光照的效果。

图 3-194　制作渐变

34）下面开始制作"Huge"从中间产生裂纹的效果。按 Ctrl+D 组合键取消选区，用套索工具绘制如图 3-195 所示的裂纹选区。

图 3-195　用套索工具绘制裂纹选区

35）按 Delete 键，清除选区中的内容，按 Ctrl+D 组合键取消选区，结果如图 3-196 所示。

图 3-196　删除裂纹选区内容

36）在"图层"控制面板中双击"Huge"图层，为该图层添加"斜面和浮雕"图层样式，参数设置及效果如图 3-197 所示。

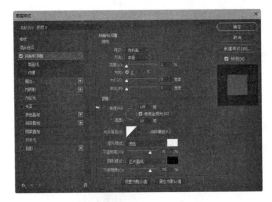

图 3-197　"斜面和浮雕"图层样式的
参数设置及效果

37）在"图层"控制面板中拖动"RISK"图层到  按钮上，复制该图层两次，生成"RISK1"和"RISK2"两个图层，都拖动到"RISK"图层下方。

38）设置"RISK1"为当前图层，执行"滤镜"→"模糊"→"动感模糊"命令，为该图层添加"动感模糊"滤镜，参数设置及效果如图 3-198 所示。

图 3-198　"RISK1"图层"动感模糊"
滤镜的参数设置及效果

39）设置"RISK2"为当前图层，同样执行"滤镜"→"模糊"→"动感模糊"命令，为该图层添加"动感模糊"滤镜，参数设置及效果如图 3-199 所示。

图 3-199　"RISK2"图层"动感模糊"
滤镜的参数设置及效果

40）双击"James Crystal"图层，为该图层添加"投影"图层样式，参数设置及效果如图 3-200 所示。

41）定义一个白条图案。执行"文件"→"新建"命令，新建一个 50×50 的透明文档，如图 3-201 所示。

42）用矩形选框工具选取上半部分（可以打开网格辅助选取），然后执行"编辑"→"填充"命令，填充白色，如图 3-202 所示。

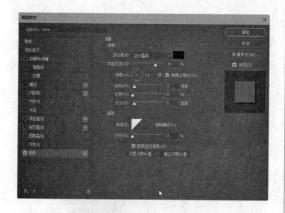

图 3-200　"投影"图层样式的参数设置及效果

图 3-201　新建透明文档　　图 3-202　填充白色

43）按 Ctrl+D 组合键取消选区，执行"图像"→"图像大小"命令，调整图像大小为 2×2 像素，然后再执行"编辑"→"定义图案"命令，将该图像定义为图案。关掉该文件。

44）回到主图，按住 Ctrl 键单击"图层2"，载入选区，如图 3-203 所示。

45）按 Shift+Ctrl+I 组合键，反转选区，如图 3-204 所示。

46）单击"图层"控制面板中的 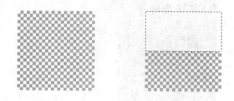 按钮，新建"图层 3"。执行"编辑"→"填

充"命令，在弹出的"填充"对话框中选择刚才定义的图案，单击"确定"按钮，效果如图 3-205 所示。

图 3-203　载入选区

图 3-204　反转选区

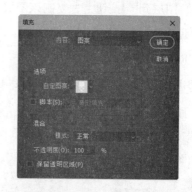

图 3-205　填充自定义图案

47）在"图层"控制面板中调整"图层3"的不透明度为 10%，如图 3-206 所示。

图 3-206　调整"图层 3"的不透明度

48）用钢笔等工具绘制如图 3-207 所示的路径，并将其转换为选区（具体方法将在后面的章节中介绍）。

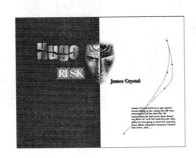

图 3-207　绘制路径

49）单击"图层"控制面板中的■按钮，新建"图层 4"，将其拖动到"图层 2"之上，然后执行"编辑"→"填充"命令，填充黑色，并调整不透明度为 15%，结果如图 3-208 所示。

图 3-208　填充新建图层

50）拖动"图层 4"到"图层"控制面板的■按钮上，复制该图层，然后按 Ctrl+T 组合键进行自由变换，结果如图 3-209 所示。

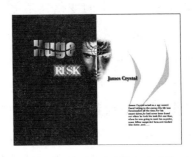

图 3-209　复制图层并自由变换

51）用文字工具输入"Time On"，置于左下角，如图 3-210 所示。

图 3-210　输入文字

52）双击"Huge"图层，再为该图层添加一些白色投影效果，制作完成的电影海报如图 3-211 所示。

图 3-211　制作完成的电影海报

在图像的设计中千万不要小看文字的作

用，在图像设计领域，文字丰富多彩的变化（如文字特效）往往会给图像带来意想不到的效果，有时甚至比图像本身更重要。

在本例中，文字的变化并不复杂，只是用不同大小的文字表达了不同的内容，用裂开的文字特效体现了电影的情节需要（危险性）。

如果感兴趣，读者可以在实践中自己摸索，看看不同字体、不同大小、不同颜色或者其他特殊效果的文字对图像的效果有什么影响，也可以借鉴优秀作品中文字的处理方法，逐渐掌握文字的处理技巧。

3.3 动手练练

1. 制作如图 3-212 所示的照片撕裂效果。

图 3-212 撕裂效果

步骤如下：

1）打开照片图像，调整画布大小，使画布比原图像稍大些。

2）新建图层，放置于照片图层之下，并填充白色。

3）用套索工具选取图像右半部分，选区左侧边缘尽量曲折些。

4）按 Ctrl+T 组合键自由变换选区内图像，将其旋转一定的角度。

5）双击照片图层，添加"投影"图层样式。

2. 制作一幅如图 3-213 所示的比较有层次感的桌面。

步骤如下：

1）打开背景图像，新建"图层 1"，填充浅蓝紫色。

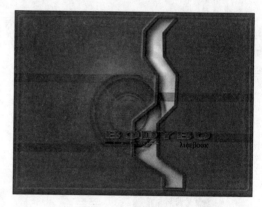

图 3-213 桌面

2）执行"滤镜"→"Eye Candy4000"→"Antimatter"命令，添加边缘效果。

3）使用多边形套索工具制作"S"形选区，按 Delete 键删除选区内图像。

4）扩展选区，按 Ctrl+J 组合键复制并粘贴图像。

5）双击粘贴生成的图层，添加"斜面和浮雕"图层样式。

6）调整"图层 1"的不透明度，显示背景。

7）输入文字或有特殊意义的字符。

第 4 章　通道——选择的利器

【本章主要内容】

　　本章主要介绍了在用 Photoshop 进行比较复杂的操作时经常用到的通道技术，首先讲解了"通道"控制面板的组成及通道的关键操作，然后通过 4 个实例具体讲解了通道的应用。

【本章学习重点】

- "通道"控制面板
- Alpha 通道
- 通道应用

4.1　通道概述

　　在前面的章节中已提到过通道，如在第 2 章的"2.2 用 Photoshop 2024 调整图像"一节中介绍的部分图像调整命令（如"色阶""曲线"命令等）都涉及通道的选择。选择不同的通道，将得到不同的图像调整效果。通道实际上是存储图像基本颜色（原色）信息的渠道，如 RGB 图像有 RGB、红、绿、蓝 4 个通道，CMYK 图像有 CMYK、青色、洋红、黄色、黑色 5 个通道，而灰度图像只有一个灰色通道等。图 4-1 ~ 图 4-4 所示为一幅 RGB 图像的 4 个色彩通道。

图 4-3　绿色通道

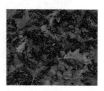
图 4-4　蓝色通道

　　在对图像进行操作时，用户可以选择各原色通道分别进行明度、对比度、色彩平衡、曲线等调整，甚至可以对原色通道单独执行滤镜功能，制作许多特技效果。此外，还有一种 Alpha 通道，用于保存蒙版，其作用是让被屏蔽区域不受任何编辑操作的影响，从而增强图像编辑的弹性。

　　与图层的控制方法相似，通道的控制主要是通过系统提供的"通道"控制面板来进行。下面首先来了解"通道"控制面板的组成。

4.1.1　"通道"控制面板介绍

　　执行"窗口"→"通道"命令，将显示如图 4-5 所示的"通道"控制面板。由图可

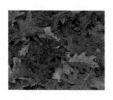
图 4-1　RGB 通道

图 4-2　红色通道

知,"通道"控制面板比"图层"控制面板简单得多,它仅有通道列表区、显示标志列、通道操作按钮和快捷菜单按钮。"通道"控制面板的操作及列表区。显示标志列的不同状态的含义与"图层"控制面板相同(请参照第 3 章中的相关内容),不同的是,每个通道都有一个对应的快捷键,使用户可以在没有打开"通道"控制面板的情况下选中某个通道。

图 4-5 "通道"控制面板

单击"通道"控制面板右上角的 ▦ 按钮,将打开如图 4-6 所示的快捷菜单。

图 4-6 快捷菜单

在此菜单中可选择相关命令来新建通道、复制通道、删除通道、分离通道及合并通道

等。其中,选择"分离通道"命令,系统会将当前文件分离为仅包含各原色通道信息的若干个单通道灰度图像文件,如 RGB 图像被分离为 3 个文件,CMYK 图像被分离为 4 个文件。选择"合并通道"命令,可将分离后的文件合并。选择"面板选项"命令,将弹出如图 4-7 所示的对话框,在这个对话框中可设置通道列表区中缩略图显示的大小,在"图层"控制面板中也能找到相应的选项。

图 4-7 "通道面板选项"对话框

"通道"控制面板中各按钮的含义如下:

(1)▦ 按钮 安装选区按钮。如果用户希望将通道中的图像内容转换为选区,可在选中该通道后单击此按钮(这和按住 Ctrl 键单击该通道的效果相同)。

(2)▣ 按钮 蒙版按钮。单击此按钮,可将当前图像中的选区转换为蒙版,并保存到新增的 Alpha 通道中。蒙版以白色显示选择区域,如图 4-8 所示。

(3)▣ 按钮 创建新通道按钮。最多可创建 24 个通道,新建的通道均为 Alpha 通道。

(4)▦ 按钮 删除当前通道按钮。不能删除 RGB、CMYK 等通道。

图 4-8　将选区转换为蒙版

提示
由于 RGB 通道和各原色通道的特殊关系，若单击 RGB 通道，则各原色通道将自动显示；若单击任一个原色通道，则 RGB 通道将自动隐藏。

4.1.2　通道的关键操作

1. 创建 Alpha 通道

单击"通道"控制面板中的■按钮，或者在通道快捷菜单中选择"新建通道"命令，即可创建新的 Alpha 通道。选择"新建通道"命令时系统会打开如图 4-9 所示的"新建通道"对话框。

用户可通过此对话框设置通道名称、通道指示颜色和不透明度等。"色彩指示"选项组中的两个选项分别用于表示通道不同的颜色显示方式，若选择"被蒙版区域"单选按钮，则表示新建通道中黑色区域代表蒙版区，

白色区域代表保存的选区；若选择"所选区域"单选按钮，则表示新建通道中白色区域代表蒙版区，黑色区域代表保存的选区。

图 4-9　"新建通道"对话框

下面来看一个实例。

1）打开一幅图像，图像及"通道"控制面板如图 4-10 所示。

图 4-10　图像及"通道"控制面板

2）单击"通道"控制面板右上角的▤按钮，在打开的快捷菜单中选择"新建通道"命令，如图 4-9 所示设置"新建通道"对话框，新建通道后的图像窗口和"通道"控制面板如图 4-11 所示。

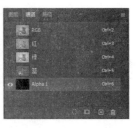

图 4-11　新建通道后的图像窗口和
"通道"控制面板

3）单击"通道"控制面板中 RGB 通道对应的显示标志列，显示图像，如图 4-12 所示。可以看出，图像被蒙上一层红色的薄雾，其颜色和不透明度是在"新建通道"对话框中系统的默认值，分别为红色和 50%，此时图像被完全遮蔽，即通道中未保存任何选区。

图 4-12　显示图像

4）选择工具箱中的橡皮擦工具 ，擦拭左侧的小猫，使其显露出来，如图 4-13 所示。

图 4-13　使左侧的小猫显露出来

5）此时 Alpha1 通道中出现了一个相应的白色区域，刚才擦拭的区域自动保存到了 Alpha1 通道中。单击 Alpha1 通道显示该通道内容，如图 4-14 所示。

图 4-14　显示 Alpha1 通道内容

6）白色区域表示存储在 Alpha1 通道中的选区。单击 RGB 通道，显示图像，然后按住 Ctrl 键单击 Alpha1 通道，载入选区，结果选取了左侧的一只小猫，如图 4-15 所示。

图 4-15　载入 Alpha1 通道保存的选区

2. 创建专色通道

专色通道主要用于辅助印刷，它可以使用一种特殊的混合油墨替代或附加到图像颜色油墨中。我们知道，印刷彩色图像时，图像中的各种颜色都是通过混合 CMYK 四色油墨获得的。基于色域的原因，通过混合 CMYK 四色油墨无法得到某些特殊的颜色，此时便可借助专色通道为图像增加一些特殊混合油墨来辅助印刷。在印刷时，每个专色通道都有一个属于自己的印版。也就是说，当打印一个包含有专色通道的图像时，该通道将被单独打印输出。

要创建专色通道，可执行通道快捷菜单中的"新建专色通道"命令，此时将弹出如图 4-16 所示的"新建专色通道"对话框。用户可通过该对话框设置通道名称、油墨颜色和油墨密度。

图 4-16　"新建专色通道"对话框

"密度"值只是用来在屏幕上显示模拟打印效果，对实际打印输出并无影响。如果在新建专色通道前制作了选区，则新建专色通道后，系统将在选区内填充专色通道颜色。例如，在上面的小猫图像中用文字蒙版工具制作"Little Cat"字形选区，如图4-17所示，然后单击"通道"控制面板右上角的▤按钮，打开快捷菜单，执行"新建专色通道"命令，在弹出的对话框中如图4-18所示设置选项，然后单击"确定"按钮。此时图像和"通道"控制面板如图4-19所示。

图4-17　制作字形选区

图4-18　"新建专色通道"对话框

图4-19　新建专色通道后的图像和
"通道"控制面板

建立专色通道后，通道快捷菜单的"合并专色通道"命令将变为可用，执行该命令，可将专色通道合并到各原色通道中。不过，在执行该命令之前，应该先将所有的图层合并，否则系统会弹出一个是否合并图层的询问对话框，如果单击"确定"按钮，系统会首先合并图像中的所有图层，然后再合并专色通道。对于上面的例子，执行"合并专色通道"命令后，"Little Cat"字样将被真正融合到图像当中。合并专色通道后的"通道"控制面板如图4-20所示。

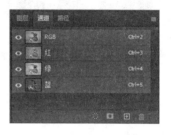

图4-20　合并专色通道后的"通道"控制面板

还可将一个Alpha通道转换为专色通道，方法是双击要转换的Alpha通道，或在选中该通道后执行通道快捷菜单中的"通道选项"命令，弹出如图4-21所示的"通道选项"对话框，在其中选择"专色"进行转换。

图4-21　"通道选项"对话框

3.复制和删除通道

在使用通道的过程中，为了图像处理的需要或者防止因为不可恢复的操作使得通道不能还原，往往需要复制通道。

复制通道的方法和复制图层的方法基本相同。首先选中要复制的通道，然后执行通道快捷菜单中的"复制通道"命令，此时系统将打开如图 4-22 所示的"复制通道"对话框，用户可通过该对话框设置通道的名称，指定通道复制到的文件（默认为通道所在的文件），以及是否将通道内容取反。

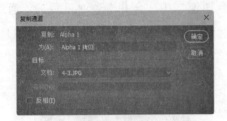

图 4-22 "复制通道"对话框

用户也可在"通道"控制面板中直接将通道拖至 ⊞ 按钮上进行复制。不过，用这种方法复制通道，系统不会弹出如图 4-22 所示的对话框，复制的通道名称也是系统默认的。

每一个通道都占用一定的系统资源，因此为了节省文件存储空间和提高图像处理速度，应该将一些不再使用的通道删除掉，方法是在"通道"控制面板中选中要删除的通道后，执行通道快捷菜单中的"删除通道"命令或单击"通道"控制面板中的 🗑 按钮，即可将通道删除。

如果删除了某个原色通道，则通道的色彩模式将变为多通道模式，如图 4-23 所示为删除蓝色通道后的图像和"通道"控制面板。要注意的是，在删除原色通道前应合并所有图层，否则系统会给出提示。

提示

用户也可以简单地在"通道"控制面板中将通道拖至 🗑 按钮上来删除通道，但是用户不能删除主通道。

图 4-23 删除蓝色通道后的图像和
"通道"控制面板

4. 分离和合并通道

利用通道快捷菜单中的"分离通道"命令，可将一个图像文件中的各通道分离出来，使其各自成为一个单独文件。要说明的是，在分离通道之前应首先将所有图层合并，否则此命令将不可使用。

分离后的各个文件都将以单独的窗口显示在屏幕上，且均为灰度图像，用户可分别对每个文件进行编辑。执行通道快捷菜单中的"合并通道"命令可将分离后的通道再次合并。执行该命令后，将弹出如图 4-24 所示的"合并通道"对话框，用户可在该对话框中选择合并后图像的色彩模式，并可在"通道"文本框中输入合并通道的数目（此数目应小于或等于文件分离前拥有的通道数目，但至少应合并两个通道）。单击"确定"按钮，系统将弹出如图 4-25 所示的对话框，供用户选择要合并的文件。单击"模式"按钮可回到图 4-24 所示的对话框。

提示

不同文件经过"分离通道"分离出来的文件不可交叉合并。原文件中的 Alpha 通道文件可一起合并。同样，在合并通道前应合并各单独文件的所有图层。

图 4-24　"合并通道"对话框

图 4-25　"合并多通道"对话框

5. 图像合成

这里主要介绍 Photoshop 提供的两个图像合成命令。

（1）"应用图像"命令　执行"图像"→"应用图像"命令，系统将弹出如图 4-26 所示的"应用图像"对话框。

图 4-26　"应用图像"对话框

对话框中各选项的含义如下：

1）"源"下拉列表：在该下拉列表中可选择与当前图像合成的源图像文件（默认为当前文件）。只有与当前图像文件具有相同尺寸和分辨率并且已经打开的图像文件才能出现在该下拉列表中。

2）"图层"下拉列表：此下拉列表用于选择源图像文件中与当前图像文件进行合成

的图层。如果源图像文件中有多个图层，列表中会有一个"合并图层"选项，选择该选项表示以源图像中所有图层的合并效果（以当前显示为准）与当前图像进行合成，源图像文件的图层并未真正合并。

3）"通道"下拉列表：在此选择源图像中用于合成的通道。

4）"目标"文件：指明存放图像合成结果的目标文件，即当前文件，不可更改。

5）"混合"下拉列表：指明图像合成的色彩混合模式。默认为"正片叠底"模式。

6）"不透明度"文本框：用于设置不透明度。

7）"保留透明区域"复选框：选中该复选框，表示保护透明区域，即只对非透明区域进行合成。若当前图层为背景图层，则该复选框不可用。

8）"蒙版"复选框：选中该复选框，"应用图像"对话框将变为如图 4-27 所示。用户可从"源"下拉列表中选择一幅图像作为合成图像时的蒙版。

图 4-27　选中"蒙版"后的"应用图像"对话框

下面来看一个将"企鹅"粘贴到"黄昏"文件中且位于底层的应用实例。

1）打开如图 4-28 和图 4-29 所示的两幅素材图像。

图 4-28　素材图像（黄昏）

图 4-29　素材图像（企鹅）

2）选择"黄昏"为当前文件，执行"图像"→"应用图像"命令，打开"应用图像"对话框，对话框设置和图像合成后的效果如图 4-30 所示。

图 4-30　对话框设置和图像合成后的效果

其实，执行"应用图像"命令产生的效果完全可以由手工操作来完成，操作也很简单，首先复制"企鹅"图像文件中要合成的图层到"黄昏"图像文件中（此图层应该在"黄昏"文件中其他图层之上），然后在"图层"控制面板中调整复制图层的色彩混合模式即可。这种方法虽然比直接执行"应用图像"命令稍显麻烦，但却增加了图像编辑的弹性，即在图层合并之前随时都可对图层色彩混合模式和不透明度进行调整，而执行"应用图像"命令之后的结果是不可更改的。

（2）"计算"命令　使用"计算"命令可以将同一幅图像，或具有相同尺寸和分辨率的两个图像中的两个通道进行合并，并将结果保存到一个新图像或当前图像的新通道中，还可直接将结果转换为选区。

执行"图像"→"计算"命令，将打开"计算"对话框，该对话框中各项的含义和"应用图像"对话框中的基本相同，这里不再赘述。图 4-31 所示为对图 4-28 和图 4-29 所示的两幅图像的红色通道进行合并的效果和"计算"对话框设置。

图 4-31　对红色通道进行合并的效果和"计算"对话框设置

4.2 通道的应用

图层是 Photoshop 的核心，而通道则是辅助图层完成各种特殊操作的必不可少的助手。在处理图像中经常用到的 Alpha 通道实际存储的是带透明度的选区，近似于为选区设置了羽化半径，不同的是 Alpha 通道和图层一样，具有很强的可编辑性，可以通过对 Alpha 通道进行各种操作（如绘画、变换图像、运用各种滤镜等）来制作具有特殊用途的选区，从而制作各种特殊的效果。

图 4-32 所示为一幅利用 Alpha 通道技术制作的人脸裂缝图像。图中的人脸裂缝就是通过在 Alpha 通道中编辑图像，制作调整裂缝不同部位亮度的选区，然后对图像进行曲线和色阶调整得到的。

图 4-33 所示为利用 Photoshop 制作的各个部分具有不同光泽度的水杯图像。该图像在制作的过程中需要分别对各个部分进行处理，即在通道中保存了矩形、椭圆形两个基本的选区，再通过载入选区时进行适当的运算，得到杯体各个区域的选区，继而进行光泽度调整。

图 4-32 人脸裂缝

图 4-33 水杯

利用通道技术巧妙地处理图像属于 Photoshop 比较高级的运用，对于初学者来说，

似乎不太容易掌握。其实，通道技术并不像想象的那么复杂，只要理解了通道的基本知识，对照实例多加练习，即可使之成为我们手中的利器，协助我们将想象变为现实。

下面来看 4 个实例，它们均涉及通道的相关知识及其实际应用。相信通过对这 4 个实例的讲解，通道对读者来说将不再是难题。

4.2.1 金属圆盘——Alpha 通道保存选区运用

在第 2 章的实例中已经见到过如图 4-34 所示的金属圆盘，当时是把它当作一幅素材图像来使用。下面来讲解它的详细制作过程。

图 4-34 金属圆盘

这幅作品的关键在于制作出两个相连的圆环状选区，它决定了金属圆盘中的凹陷区域，而这个选区的制作又依赖于 Alpha 通道，因此通过这个实例，读者可以初步了解选区与 Alpha 通道的关系，并了解到通道的一些操作技巧。

虽然通道是金属圆盘制作过程的关键，但最终是通过图层和图像调整技术使一个逼真的金属圆盘展现在我们面前。Photoshop 是一个集各种强大功能于一身的集合体，因此只有在对其熟练掌握的基础上，才能综合运用并充分发挥各项功能，创作出精彩的作品。

下面开始金属圆盘的制作。

1）执行"文件"→"新建"命令，新建一个 400×400 的 RGB 图像，设置背景色为白色，新建的图像如图 4-35 所示。

图 4-35　新建图像

2）为便于以图的中心为圆心画圆，执行"视图"→"显示"→"网格"命令，显示网格，如图 4-36 所示。然后执行"编辑"→"首选项"→"参考线、网格和切片"命令，在弹出的"首选项"对话框中设置"网格线间隔"为 200 像素、"子网格"为 20，如图 4-37 所示。

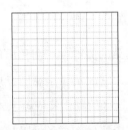

图 4-36　显示网格

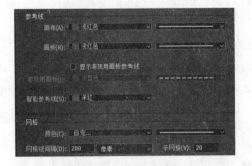

图 4-37　设置网格

3）执行"视图"→"标尺"命令，显示标尺，然后分别在水平和竖直标尺上单击并拖动鼠标，新建两条参考线，用于定位圆心，如图 4-38 所示。参考线的颜色可在图 4-37 所示的对话框中设置。

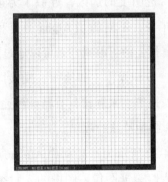

图 4-38　新建参考线

4）选择工具箱中的椭圆选框工具，按住 Shift+Alt 组合键，将鼠标指针移至两参考线的交叉点附近，单击并拖动鼠标，制作如图 4-39 所示的圆形选区（Shift 键的作用是限制选区为圆形，而 Alt 键的作用是自动寻找参考线交叉点为圆心）。

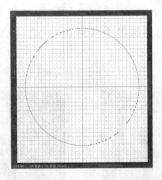

图 4-39　制作圆形选区

5）执行"选择"→"存储选区"命令，打开"存储选区"对话框，采用默认设置，直接单击"确定"按钮，系统将把刚才制作的圆形选区存储到 Alpha1 通道中，如

图 4-40 所示。

图 4-40 存储圆形选区到 Alpha1 通道

6）切换到"图层"控制面板，并新建"图层 1"。选择工具箱中的油漆桶工具，设置前景色为 #666666、不透明度为 35%，将鼠标指针移至选区内单击，填充选区，结果如图 4-41 所示。

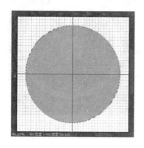

图 4-41 填充选区

7）按 Ctrl+D 组合键取消选区，再次选择椭圆选框工具，按步骤 4）中的方法再制作一个稍微小一些的圆形选区，如图 4-42 所示。

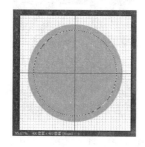

图 4-42 制作小一些的圆形选区

8）执行"选择"→"存储选区"命令，仍然按默认设置存储选区，此选区将被自动存入 Alpha2 通道中，如图 4-43 所示。

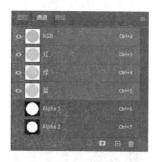

图 4-43 存储小一些的圆形选区到 Alpha2 通道

9）按 Ctrl+D 组合键取消选区，选择 Alpha1 通道，对该通道进行操作后的图像窗口如图 4-44 所示。

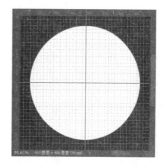

图 4-44 对 Alpha1 通道进行操作后的图像窗口

10）按住 Ctrl 键单击 Alpha2 通道，载入 Alpha2 通道存储的选区，如图 4-45 所示。

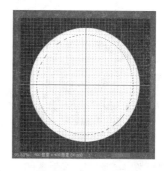

图 4-45 载入 Alpha2 通道存储的选区

11）按 D 键（设置前景色和背景色快捷键）设置前景色为白色、背景色为黑色，然后按 Delete 键删除 Alpha1 通道中选区内的内容，即将该区域变为黑色，并按 Ctrl+D 组合键取消选区，结果如图 4-46 所示（选择油漆桶工具，给选区填充黑色将得到同样的效果）。此时，Alpha1 通道存储的选区就成了一个圆环状。

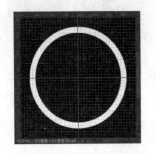

图 4-46　删除选区内的内容

12）Alpha2 通道将不再使用，为节约图像存储空间和提高图像处理速度，可在"通道"控制面板中拖动 Alpha2 通道到🗑按钮上，删除该通道。

13）下面开始制作中间的小圆环，此方法和制作大圆环的方法稍有不同。仍然选中 Alpha1 通道为当前操作通道，按步骤 4）中的方法制作如图 4-47 所示的圆形选区。

图 4-47　制作圆形选区

14）选择油漆桶工具，将鼠标指针移至选区内单击，为选区填充白色（此时前景色为白色，不透明度为 100%），结果如图 4-48 所示。

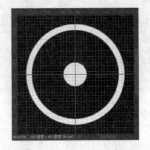

图 4-48　以白色填充选区

15）按步骤 4）中的方法制作如图 4-49 所示的圆形选区。

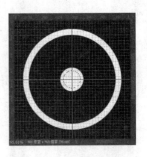

图 4-49　制作圆形选区

16）按 Delete 键删除选区内的内容，结果如图 4-50 所示。此时 Alpha1 通道存储了两个同心圆环的选区。

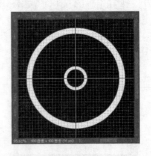

图 4-50　删除选区内的内容

17）执行"选择"→"存储选区"命令，按默认设置存储刚制作的小圆形选区到 Alpha2 通道中（以备后面使用），如图 4-51 所示。

图 4-51　存储选区到 Alpha2 通道

18）下面开始制作连接两圆环的部分。按 Ctrl+D 组合键取消选区，然后选择工具箱中的矩形选框工具，利用网格制作如图 4-52 所示的选区。

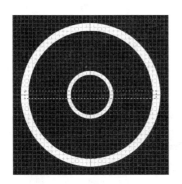

图 4-52　制作矩形选区

19）选择油漆桶工具，在选区中单击，以白色填充选区，或者按 Alt+Delete 组合键直接以前景色填充，结果如图 4-53 所示。注意：按 Ctrl+Delete 组合键将以背景色填充选区。

20）执行"选择"→"变换选区"命令，在工具属性栏的旋转角度文本框中输入 60，将选区顺时针旋转 60°，如图 4-54 所示。

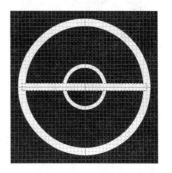

图 4-53　以白色填充选区

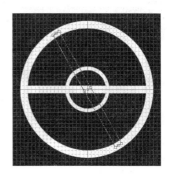

图 4-54　旋转选区

21）按 Enter 键应用选区变换，然后按 Alt+Delete 组合键以白色填充选区，结果如图 4-55 所示。

图 4-55　以白色填充选区

22）采用同样方法再次将选区顺时针旋转 60°，并以白色填充选区，然后按 Ctrl+D 组合键取消选区，结果如图 4-56 所示。

图 4-56　再次旋转并填充选区

23）按住 Ctrl 键单击 Alpha2 通道，载入 Alpha2 通道内存储的选区，如图 4-57 所示。

图 4-57　载入 Alpha2 通道内存储的选区

24）按 Delete 键删除选区内的内容，并按 Ctrl+D 组合键取消选区，结果如图 4-58 所示。

图 4-58　删除选区内的内容

25）删除 Alpha2 通道，并隐藏网格、标尺和参考线，此时 Alpha1 通道的图像如

图 4-59 所示。

图 4-59　隐藏网格、标尺和参考线后的图像

26）需要的选区已经制作完成，下面来制作圆盘中的凹陷效果。回到"图层"控制面板，设置"图层 1"为当前图层，并按住 Ctrl 键单击"图层 1"，载入该图层选区，如图 4-60 所示。

图 4-60　载入选区

27）为圆盘添加一定的光泽度。选择工具箱中的渐变工具，设置白色到 70% 灰度颜色渐变，并在工具属性栏上选择"径向"渐变方式，将鼠标指针从圆的中心拖动到圆的边缘，结果如图 4-61 所示。

图 4-61　制作径向渐变

28）下面为圆盘添加一些杂色，来增加金属质感。执行"滤镜"→"杂色"→"添加杂色"命令，在弹出的"添加杂色"对话框中设置参数，为"图层 1"添加杂色，如图 4-62 所示。

图 4-62　添加杂色

29）切换到"通道"控制面板，按住 Ctrl 键单击 Alpha1 通道，载入 Alpha1 通道存储的选区，如图 4-63 所示。

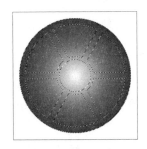

图 4-63　载入 Alpha1 通道存储的选区

30）按 Ctrl+J 组合键，复制并粘贴选区内的图像，系统会自动新建一个图层，新图层中的图像将覆盖原图层中对应的图像，即复制的图像在新图层中的位置不会发生变化。此时"图层"控制面板如图 4-64 所示。

图 4-64　按 Ctrl+J 组合键复制图层后的"图层"控制面板

31）下面为图层 2 添加图层样式。双击"图层 2"，打开"图层样式"对话框。在"图层样式"对话框中选中"斜面和浮雕"复选框，并在"样式"下拉列表中选择"枕状浮雕"选项，其他参数设置如图 4-65 所示。

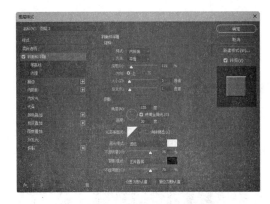

图 4-65　添加"斜面和浮雕"图层样式

32）选中"斜面和浮雕"下面的"等高线"复选框，设置"等高线"如图 4-66 所示。

图 4-66　设置"等高线"

33）单击"确定"按钮，完成图层样式的添加，结果如图 4-67 所示。

图 4-67　添加图层样式

34）合并"图层 2"和"图层 1"为"图层 1"。然后执行"图像"→"调整"→"色相/饱和度"命令，在弹出的"色相/饱和度"对话框中如图 4-68 所示设置参数，调整图像的色相及饱和度。创建完成的金属圆盘如图 4-69 所示。注意：对话框中必须选中"着色"复选框。

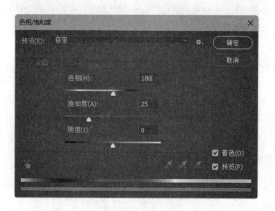

图 4-68　"色相/饱和度"对话框

图 4-69　创建完成的金属圆盘

4.2.2　自荐书封面——Alpha 通道的编辑运用

用 Photoshop 可以设计各种简洁实用的封面。封面图案并不需要有太复杂的层次感，最重要的是构图巧妙，能够突出主题。这里主要讲解如何利用 Photoshop 制作一个如图 4-70 所示的自荐书封面。

图 4-70　自荐书封面

在此实例中，重点运用了 Alpha 通道对选区的存储和编辑技术，图中"Confidence"与细线条的组合效果、"自荐书"颜色的反差等就是利用通道完成的。

通过这个实例，读者将会进一步了解通道和选区的关系，并熟练掌握操作通道的快捷键。

下面开始自荐书封面的制作。

1）新建一个 400×565 的 RGB 图像，背景设置为透明，如图 4-71 所示。

2）将"图层 1"改为背景图层，设置背景色为蓝色（R 为 50、G 为 50、B 为 250），按 Ctrl+Delete 组合键以背景色填充图像，结果如图 4-72 所示。

图 4-71 新建图像 图 4-72 以蓝色
填充图像

3）用工具箱中的钢笔工具绘制如图 4-73 所示的路径（路径的操作将在第 5 章中介绍）。

4）将路径转换为选区，如图 4-74 所示。

图 4-73 绘制路径 图 4-74 将路径转换为
选区

5）执行"选择"→"反选"命令，然后执行"选择"→"存储选区"命令，将选区存储到 Alpha1 通道，如图 4-75 所示。

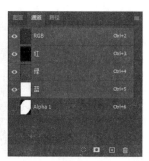

图 4-75 反转并存储选区

6）取消选区，执行"滤镜"→"渲染"→"镜头光晕"命令，在弹出的"镜头

光晕"对话框中设置"亮度"为 175%、"镜头类型"为"105 毫米聚焦"，如图 4-76a 所示。选择"编辑"→"渐隐镜头光晕"命令，在弹出的"渐隐"对话框中设置不透明度为 25%，使背景的颜色亮度稍微有所变化，如图 4-76b 所示。添加光晕效果后的图像如图 4-76c 所示。

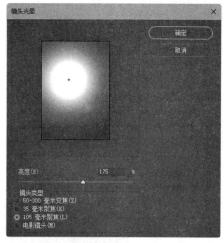

a）

b）

c）

图 4-76 添加光晕效果

7）载入 Alpha1 通道存储的选区，新建"图层 1"，设置前景色的 R 为 250、G 为 190、B 为 150，按 Alt+Delete 组合键以前景

色填充选区，结果如图 4-77 所示。

8）取消选区，同样执行"滤镜"→"渲染"→"镜头光晕"和"编辑"→"渐隐镜头光晕"命令，为"图层 1"添加光晕效果，结果如图 4-78 所示。

图 4-77　填充选区　　图 4-78　添加光晕效果

9）用横排文字蒙版工具 制作"Confidence"字样选区，并将该选区存储于 Alpha2 通道，如图 4-79 所示。

图 4-79　制作选区并存储于 Alpha2 通道

10）新建"图层 2"，按 Ctrl+Delete 组合键以背景色（蓝色）填充选区。此时图像和"图层"控制面板如图 4-80 所示。

图 4-80　填充文字选区后的图像和

"图层"控制面板

11）切换到"通道"控制面板，按住 Ctrl+Alt 组合键单击 Alpha1 通道，从当前选区中剪掉 Alpha1 通道的选区，结果如图 4-81 所示。

12）按 Alt+Delete 组合键以前景色填充选区，结果如图 4-82 所示。

图 4-81　剪掉 Alpha1　　图 4-82　以前景色

通道的选区　　　　　　　填充选区

13）选择单行和单列选择工具，制作如图 4-83 所示的选区（注意制作第二个选区时只有按住 Shift 键，才能将两选区叠加），然后将选区存储于 Alpha3 通道。

14）按住 Ctrl+Shift+Alt 组合键单击 Alpha1 通道，对当前选区与 Alpha1 通道的选区求交，得到如图 4-84 所示的新选区。

图 4-83　制作选区　　图 4-84　与 Alpha1 通道

选区求交

15）设置"图层 2"为当前图层，按 Delete 键删除选区内的内容，然后取消选区，如图 4-85 所示。

16）按住 Ctrl 键单击 Alpha3 通道，载入选区，然后按住 Ctrl+Alt 组合键单击 Alpha1 通道，再选择矩形选框工具，按住 Alt 键拖动鼠标剪掉左上部分选区，结果如图 4-86 所示。

17）新建"图层 3"，并置于"图层 2"之下。按 Alt+Delete 组合键填充选区，然后按住 Ctrl+Shift+Alt 组合键单击 Alpha2 通道，结果如图 4-87 所示。

18）设置"图层 2"为当前图层，按 Ctrl+Delete 组合键填充选区，结果如图 4-88 所示。

 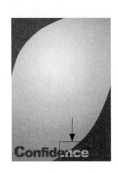

图 4-85　删除选区内的　图 4-86　制作选区（一）
内容

图 4-87　制作选区（二）　图 4-88　填充选区

19）载入 Alpha3 通道选区，用矩形选框工具（按住 Alt 键）剪掉文字以下部分选区，

如图 4-89 所示。

20）设置"图层 1"为当前图层，按 Delete 键删除选区内的内容，然后取消选区，结果如图 4-90 所示。

图 4-89　剪掉选区　　图 4-90　删除图层 1 中
选区内的内容

21）用单行和单列选择工具制作如图 4-91 所示的选区。

22）执行"选择"→"存储选区"命令，将刚才制作的选区存储于 Alpha4 通道。在"通道"控制面板中选中 Alpha4 通道，Alpha4 通道的图像如图 4-92 所示。

图 4-91　制作选区　图 4-92　Alpha4 通道的
图像

23）用椭圆选框工具制作如图 4-93 所示的选区。

24）执行"编辑"→"描边"命令，以 1 个像素的白色描边选区，结果如图 4-94 所示。

图 4-93　制作椭圆形选区　　图 4-94　描边选区

25）选择矩形选框工具，选取出要删掉的区域，按 Delete 键删除，结果如图 4-95 所示。

26）按步骤 25）的方法逐步删除区域，此时的 Alpha4 通道如图 4-96 所示。

图 4-95　删除区域　　图 4-96　删除区域后的

Alpha4 通道

27）载入 Alpha4 通道选区，设置"图层 2"为当前图层，按 Delete 键删除选区内容。然后按住 Ctrl+Alt 组合键单击 Alpha4 通道，减去字形选区，再设置"图层 1"为当前图层，按 Delete 键删除选区内容，取消选区。此时图像及"图层"控制面板如图 4-97 所示。

28）用横排文字蒙版工具输入"自荐书"，制作选区如图 4-98 所示。

29）新建"图层 4"，执行"编辑"→"描边"命令填充白色，然后取消选区，结果如图 4-99 所示。

 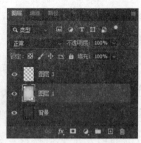

图 4-97　删除"图层 1"选区内容后的
图像及"图层"控制面板

图 4-98　制作选区　　图 4-99　填充选区

30）用魔棒工具选取如图 4-100 所示的选区。

31）按住 Ctrl+Shift+Alt 组合键单击 Alpha1 通道，并按 Ctrl+Delete 组合键填充选区，结果如图 4-101 所示（在此之前，需要用颜色拾取器将选区"自荐书"附近的颜色设置为前景色和背景色）。

图 4-100　选取选区　　图 4-101　填充选区

32）用魔棒工具选取如图 4-102 所示的选区，并按 Alt+Delete 组合键填充选区。

33）选择横排文字蒙版工具，在"自荐书"的下方输入学校名称，如图 4-103 所示。

图 4-102　选取并　　　图 4-103　输入

填充选区　　　　　　学校名称

34）新建"图层 5"，用蓝色对选区描边，然后双击该图层，为图层添加"投影"图层样式，如图 4-104 所示。

35）用矩形选框工具制作如图 4-105 所示的条状选区。

图 4-104　描边选区并　　图 4-105　制作

添加"投影"图层样式　　　条状选区

36）新建"图层 6"，选择渐变工具，在工具属性栏上设置背景色到前景色的渐变，并选择"对称"渐变方式，从中间往两侧拖动鼠标制作渐变效果，如图 4-106 所示。

37）用文字工具在图中输入学校的英文名称，自荐人的姓名、专业、学位和电话等，如图 4-107 所示。

图 4-106　制作渐　　图 4-107　用文字工具输

变效果　　　　　　入文字

38）在画面的右上角制作"V"字样（代表 victory），在右下角的横线上输入电子邮件地址，起到平衡画面的作用。制作完成的自荐书封面如图 4-108 所示。

图 4-108　制作完成的自荐书封面

4.2.3　WOX 系列广告之一——Alpha 通道的高级应用

这里假设"WOX"为一个老牌名酒品牌，且知名度较高，设计此广告是为了进一步加深该品牌在受众心目中的印象。构思如下：抓住酒"历久弥香"这一特性，把时间概念加入到作品当中，向受众传达"WOX 历史悠久，值得您信赖"这样一种信息。

本作品的关键是如何将时间与品牌融合到一起。如图 4-109 所示，将"WOX"字样刻到了雕刻有古埃及法老半身像的石头上，这样就把古埃及、时间和 WOX 联系了起来，比较巧妙地向受众传达了所要表达的时间信息。

图 4-109　WOX 系列广告之一

作品中石头的表面纹理、法老的半身像和"WOX"字样都是通过 Photoshop 一步一步制作完成的，因此通过这个实例，读者可以掌握利用通道技术表现纹理光泽度的方法。这是通道比较高级的应用。

下面介绍这幅作品的具体制作过程。

1）新建一个 800×600 的 RGB 图像，设置文件名为"WOX"，背景设置为透明，如图 4-110 所示。

2）制作石头纹理。设置前景色的 R 为 199、G 为 178、B 为 153，然后按 Alt+Delete 组合键填充图像，结果如图 4-111 所示。

图 4-110　新建图像　　　图 4-111　填充图像

3）按 Ctrl+A 组合键全选图像，并按 Ctrl+C 键进行复制。切换到"通道"控制面板，新建 Alpha1 通道，然后按 Ctrl+V 组合键粘贴刚才复制的图像，结果如图 4-112 所示。

图 4-112　复制图像到 Alpha1 通道

4）执行"滤镜"→"杂色"→"添加杂色"命令，弹出"添加杂色"对话框，设置参数如图 4-113 所示。

图 4-113　设置"添加杂色"参数

提示
如果打开光照效果没有控制点，可以在菜单栏中选择"编辑"→"首选项"→"技术预览"，勾选"停用本机画布"，然后重启软件就可以显示出控制点。如果属性面板中的纹理没有 Alpha1 通道，可以双击属性隐藏属性面板，再双击属性打开属性面板。其他参数无法更改也可以按此方法操作。

5）回到"图层"控制面板。执行"滤镜"→"渲染"→"光照效果"命令，在弹出的"属性"控制面板的"纹理"下拉列表

中选择"Alpha1"通道,"光照效果"选择"聚光灯",面板参数设置和制作的石头纹理如图 4-114 所示。

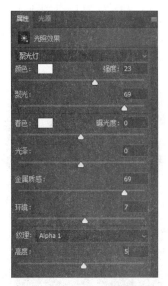

图 4-114　面板参数设置和制作的石头纹理

6)打开如图 4-115 所示的带有法老半身像的素材图像。

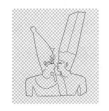

图 4-115　素材图像

7)按住 Ctrl+Alt 组合键拖动素材图像到主图("WOX"图像文件)中(即复制素材图像到主图中),系统将自动创建"图层

2"。执行"编辑"→"自由变换"命令,适当调整图像大小,并将其移至左侧位置,如图 4-116 所示。

图 4-116　复制并变换图像

8)下面开始在石头表面上制作法老半身像的雕刻效果。按住 Ctrl 键单击"图层 2",载入选区,然后执行"选择"→"存储选区"命令,将选区存储于 Alpha2 通道。Alpha2 通道的图像及"通道"控制面板如图 4-117 所示。"图层 2"不再使用,将其删除。

图 4-117　Alpha2 通道的图像及"通道"控制面板

9)执行"滤镜"→"风格化"→"浮雕效果"命令,为 Alpha2 通道制作浮雕效果。"浮雕效果"对话框参数设置和效果图如图 4-118 所示。

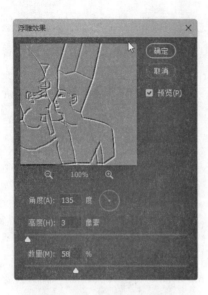

图 4-118 "浮雕效果"对话框参数设置和效果图

10）制作雕刻效果的暗部和亮部两个调整选区。首先复制 Alpha2 通道，得到 Alpha2 拷贝通道。此时"通道"控制面板如图 4-119 所示。

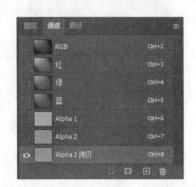

图 4-119 "通道"控制面板

11）制作亮部选区。选中 Alpha2 拷贝通道，执行"图像"→"调整"→"色阶"命令，打开"色阶"对话框，选择其中的黑色吸管，在图像的灰色部分单击，结果如图 4-120 所示。图中的白色部分就是需要的亮部选区。

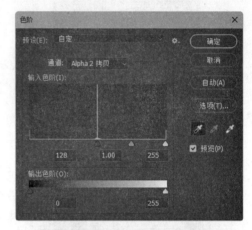

图 4-120 制作亮部选区

12）下面制作暗部选区。选中 Alpha2 通道，同样执行"图像"→"调整"→"色阶"命令，打开"色阶"对话框，选择其中的白色吸管，在图像中的灰色部分单击，结果如图 4-121 所示。

13）将图 4-121 所示的图像反相，制作暗部选区。执行"图像"→"调整"→"反相"命令，将图像反相，结果如图 4-122 所示。图中的白色部分就是需要的暗部选区。

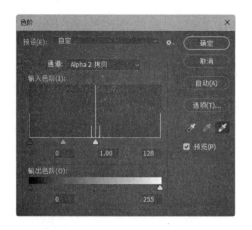

图 4-121　用白色吸管在图像中单击制作选区

图 4-122　制作暗部选区

14）按住 Ctrl 键单击 Alpha2 通道，载入暗部选区。回到"图层"控制面板，设置"图层 1"为当前图层，然后执行"图像"→"调整"→"亮度 / 对比度"命令，弹出"亮度 / 对比度"对话框，在其中设置参数，降低暗部选区内图像的亮度，如图 4-123 所示。

15）按住 Ctrl 键单击 Alpha2 拷贝通道，载入亮部选区，仍然执行"图像"→"调整"→"亮度 / 对比度"命令，弹出"亮度 /

对比度"对话框，在其中设置参数，增加选区内图像的亮度，结果如图 4-124 所示。此时，石头表面已出现了法老半身像的雕刻效果。

图 4-123　降低暗部选区内图像的亮度

图 4-124　增加亮部选区内图像的亮度

16）下面开始制作"WOX"雕刻效果。用横排文字蒙版工具输入"WOX"字样，制作如图 4-125 所示的选区。

图 4-125　制作文字选区

17）执行"选择"→"变换选区"命令，变换选区如图 4-126 所示。

图 4-126　变换选区

18）切换到"通道"控制面板，新建 Alpha3 通道，执行"编辑"→"描边"命令，以 2 个像素宽度的白色描边选区，然后取消选区。Alpha3 通道的图像及"通道"控制面板如图 4-127 所示。

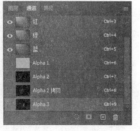

图 4-127　Alpha3 通道的图像及"通道"控制面板

19）按步骤 9）~ 13）进行操作，制作出文字雕刻的暗部和亮部选区。此时"通道"控制面板如图 4-128 所示。

图 4-128　"通道"控制面板

20）载入 Alpha3 通道选区（暗部选区），设置"图层 1"为当前图层。执行"图像"→"调整"→"亮度/对比度"命令，弹出"亮度/对比度"对话框，在其中设置参数，降低暗部选区内图像的亮度，如图 4-129 所示。

图 4-129　降低暗部选区内图像的亮度

21）载入 Alpha3 拷贝通道选区（亮部选区），执行"图像"→"调整"→"亮度/对比度"命令，弹出"亮度/对比度"对话框，在其中设置参数，增加亮部选区内图像的亮度，结果如图 4-130 所示。此时文字雕刻也出现在了石头表面上。

图 4-130　增加亮部选区内图像的亮度

22）至此，法老半身像与文字的雕刻效果已经制作完成，接下来制作石头表面的划痕和腐蚀效果。打开如图 4-131 所示的底纹素材图像并将其复制。

图 4-131　底纹素材图像

23）回到主图中，新建 Alpha4 通道并粘贴底纹图像，如图 4-132 所示。

图 4-132　粘贴底纹图像到 Alpha4 通道

24）执行"图像"→"调整"→"反相"

命令，将图像反相，并以黑色填充边缘部分，结果如图 4-133 所示。

图 4-133　将图像反相

25）按前述步骤（方法完全相同，不再赘述）制作划痕和腐蚀的暗部和亮部选区，然后分别载入暗部和亮部选区，调整图像的亮度，使石头产生划痕和腐蚀效果，结果如图 4-134 所示。

26）选择套索工具，在工具属性栏上设置羽化半径为 10 个像素，制作出如图 4-135 所示的选区，并按 Ctrl+C 组合键复制选区内的图像。

图 4-134　产生划痕和腐蚀效果

图 4-135　用套索工具制作选区并复制图像

27）按 Ctrl+V 组合键粘贴图像，系统自动新建"图层 2"。此时"图层"控制面板如图 4-136 所示。

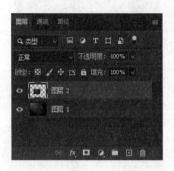

图 4-136　"图层"控制面板

28）设置前景色的 R 为 166、G 为 124、B 为 82，新建"图层 3"，按 Alt+Delete 组合键以前景色填充图像，并将"图层 3"拖至"图层 2"之下，如图 4-137 所示。

图 4-137　新建并填充"图层 3"

29）执行"滤镜"→"渲染"→"光照效果"命令，按默认设置（点光、Alpha1 纹理通道）为"图层 3"添加光照效果，如图 4-138 所示。

30）设置"图层 2"为当前图层，执行"图像"→"调整"→"曲线"命令，调整图像使其稍微变暗。双击"图层 2"，为其添加"斜面和浮雕"和"投影"图层样式，制作石头质感。然后执行"编辑"→"自由变换"命令，变换图像大小，并将其移至图的中下

位置，如图 4-139 所示。

图 4-138　添加光照效果

图 4-139　制作石头质感并变换图像

31）用文字工具输入文字，并为上面的"WOX"添加"投影"图层样式。制作完成的 WOX 系列广告之一如图 4-140 所示。

图 4-140　制作完成的系列广告之一

4.2.4　WOX 系列广告之二——通道与图层的综合应用

图 4-141 所示的这幅作品也是为"WOX"品牌而设计的系列广告。该作品用表示"WOX"酒创始年代的数字（1804），体现了

"WOX" 品牌的悠久历史。

图 4-141　WOX 系列广告之二

这幅作品的设计综合运用了通道、图层、滤镜等技术，如利用通道和滤镜的组合制作出了纹理和文字的逼真效果，而图层的应用则使整幅作品体现出较强的层次感，使图像看起来更加和谐。

通过这个实例，读者可以进一步了解利用通道制作纹理和表现光泽度的方法，并熟悉图层的相关内容，如调整图层等。

下面开始广告的制作。

1) 新建一个 500×500 的 RGB 图像，背景设置为透明，如图 4-142 所示。

图 4-142　新建图像

2) 设置前景色的 R 为 117、G 为 76、B 为 36，并按 Alt+Delete 组合键填充图像，结果如图 4-143 所示。

3) 选择文字工具，在工具属性栏上设置字体为黑色、字体大小为 24，逐行输入 "WOX" 字样，结果如图 4-144 所示。

图 4-143　填充图像

图 4-144　逐行输入 "WOX"

4) 执行 "编辑" → "自由变换" 命令，将文字逆时针旋转一定的角度，并调整文字图层的不透明度为 15%，结果如图 4-145 所示。

图 4-145　变换图像并调整文字图层不透明度

5) 执行 "图层" → "栅格化" → "图层" 命令，将文字图层转换为普通图层，此时可把文字融入背景纹理当中。然后按 Ctrl+E 组合键向下合并。合并图层前后的 "图层" 控制面板如图 4-146 所示。

a) 合并前

b) 合并后

图 4-146　合并图层前后的"图层"控制面板

6）切换到"通道"控制面板，新建 Alpha1 通道，按 D 键设置前景色和背景色为白色和黑色，然后执行"滤镜"→"渲染"→"云彩"命令。生成的云彩效果和此时的"通道"控制面板如图 4-147 所示。

图 4-147　生成的云彩效果和此时的
"通道"控制面板

7）执行"滤镜"→"杂色"→"添加杂色"命令，在弹出的对话框中如图 4-148 所示设置参数，为 Alpha1 通道添加杂色。

图 4-148　"添加杂色"对话框参数设置

8）回到"图层"控制面板，执行"滤镜"→"渲染"→"光照效果"命令，打开"光照效果"对话框，"光源类型"选择"点光"，"纹理"选择"Alpha1"通道，其他参数设置及为"图层 1"添加的光照效果如图 4-149 所示。

图 4-149　参数设置及为"图层 1"
添加的光照效果

9）复制"图层 1"为"背景"图层，用文字蒙版工具制作如图 4-150 所示的"1804"选区。

图 4-150　用文字蒙版工具制作"1804"选区

10）执行"选择"→"存储选区"命令，将选区存储于 Alpha2 通道，并复制 Alpha2 通道得到 Alpha2 拷贝通道，此时"通道"控制面板如图 4-151 所示。

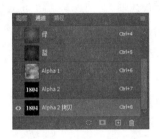

图 4-151　存储选区于 Alpha2 通道并复制该通道

11）执行"滤镜"→"风格化"→"浮雕效果"命令，弹出"浮雕效果"对话框，参数设置和为 Alpha2 拷贝通道添加的"浮雕效果"如图 4-152 所示。

图 4-152　参数设置和为 Alpha2 拷贝
通道添加的"浮雕效果"

12）下面制作亮部与暗部选区。复制 Alpha2 拷贝通道为 Alpha2 拷贝 2 通道，然后执行"图像"→"调整"→"色阶"命令，打开"色阶"对话框，选择黑色吸管在图中的灰色部分单击，制作亮部选区，如图 4-153 所示。

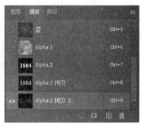

图 4-153　制作亮部选区

13）选中 Alpha2 拷贝通道，执行"图像"→"调整"→"色阶"命令，打开"色阶"对话框，选择白色吸管在图中的灰色部分单击，单击"确定"按钮，然后按 Ctrl+I 组合键将图像反相，制作暗部选区，如图 4-154 所示。

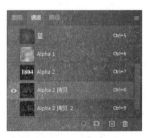

图 4-154　制作暗部选区

14）回到"图层"控制面板，设置"背景"图层为当前图层，单击下面的 按钮，在打开的菜单中选择"亮度 / 对比度"命令，创建一个调整图层，如图 4-155 所示。然后适当增加"背景"图层的亮度。

15）设置"图层 1"为当前图层，载入 Alpha2 通道选区，按 Delete 键删除选区内的内容，结果如图 4-156 所示。

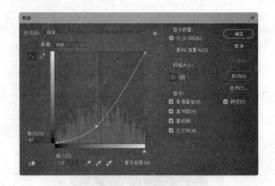

图 4-155　创建一个调整图层

图 4-157　调暗选区图像

图 4-156　删除选区内的内容

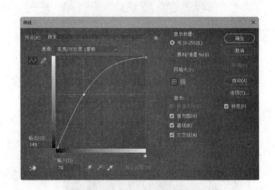

16）载入暗部选区（Alpha2 拷贝通道），执行"图像"→"调整"→"曲线"命令，弹出"曲线"对话框，在其中设置参数，调暗选区图像，如图 4-157 所示。

17）载入亮部选区（Alpha2 拷贝 2 通道），执行"图像"→"调整"→"曲线"命令，弹出"曲线"对话框，在其中设置参数，调亮选区图像，如图 4-158 所示。

18）双击"图层 1"，打开"图层样式"对话框，添加"投影"图层样式，如图 4-159 所示。

图 4-158　调亮选区图像

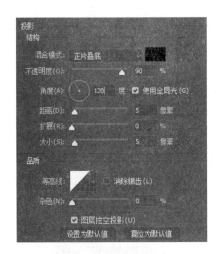

图 4-159　添加"投影"图层样式

19）用文字蒙版工具制作如图 4-160 所示的"WOX"字样选区，并存储于 Alpha3 通道。

图 4-160　用文字蒙版工具制作选区

20）新建"图层 2"，执行"编辑"→"描边"命令，在弹出的"描边"对话框中设置"颜色"为黑色、"描边宽度"为"2 像素"、"不透明度"为"60%"，对选区描边，

结果如图 4-161 所示。

图 4-161　对选区描边

21）拖动"图层 2"置于"图层 1"之下，如图 4-162 所示。

图 4-162　调整图层顺序

22）载入 Alpha3 通道选区，设置"背景"图层为当前图层，单击"图层"控制面板下方的 按钮，选择"色相 / 饱和度"命令，在打开的对话框中调整图像的色相及饱

141

和度，单击"确定"按钮，创建一个调整图层，如图 4-163 所示。

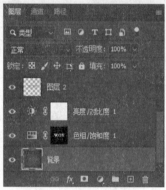

图 4-163　创建一个调整图层

23）调整色相 / 饱和度后的图像如图 4-164 所示。

图 4-164　调整色相 / 饱和度后的图像

24）设置"背景"图层为当前图层，选择移动工具将图像向左上方移动一定

距离。制作完成的 WOX 系列广告之二如图 4-165 所示。

图 4-165　制作完成的 WOX 系列广告之二

4.3　动手练练

1. 综合运用"光照效果"滤镜和通道制作出如图 4-166 所示的立体效果的图像。

操作步骤如下：

1）编辑 Alpha1 通道如图 4-59 所示，执行"滤镜"→"模糊"→"高斯模糊"命令。

2）新建图层，进行填充操作（颜色读者自定）。

3）执行"滤镜"→"渲染"→"光照效果"命令，"纹理"选择"Alpha1"通道，结果如图 4-166 所示。

图 4-166　"光照效果"滤镜和通道综合应用

2.利用通道体现色彩。

操作步骤如下：

1）打开如图 4-167 所示的素材 1，按 Ctrl+A 组合键全选图像，再按 Ctrl+C 组合键复制。

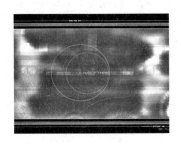

图 4-167　素材 1

2）打开如图 4-168 所示的素材 2，在"通道"控制面板中选中绿色通道，按 Ctrl+V

组合键粘贴，结果如图 4-169 所示。

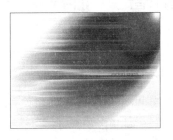

图 4-168　素材 2

图 4-169　效果图

第**5**章　路径——随心所欲的画笔

【本章主要内容】

利用 Photoshop 提供的路径功能，用户可以绘制直线、曲线或各种 Photoshop 自带的路径形状，并对其进行调整。本章主要介绍了路径及形状工具的用法，并通过实例介绍了路径的应用。

【本章学习重点】
- 路径工具
- 路径操作
- 路径应用

5.1　路径概述

路径在用户需要绘制某一个特定形状的图形时非常有用。利用路径工具，用户不仅可以绘制任意形状的路径，并且可以对其进行调整，如改变局部形状、增加或减少锚点、随意改变曲线的弧度等，以满足各种要求。此外，用户还可以描边、填充路径，或者将路径转换为选区，再对图像进行编辑。路径的绝大部分操作都要在"路径"控制面板的协助下才能完成。

5.1.1　"路径"控制面板

执行"窗口"→"路径"命令，打开"路径"控制面板，如图 5-1 所示。"路径"控制面板默认和"图层"控制面板、"通道"控制面板在一个面板组中。

"路径"控制面板比较简单，主要分为列表区、按钮组和路径快捷菜单三个部分。

图 5-1　"路径"控制面板

1. 列表区

列表区可列出当前图像中所有的路径层，并显示各个路径的缩略图和名称，如图 5-2 所示。

图 5-2　"路径"控制面板列表区

与图层列表和通道列表一样，路径列表

区中以高亮灰底显示的路径层为当前路径层，不同的是，各个路径层是完全独立的，没有图层的层次关系，也没有颜色通道的混合关系，这与 Alpha 通道相似。

2. 按钮组

在"路径"控制面板的下方有一排按钮组，各按钮的含义如下：

（1）●按钮　单击该按钮，将以前景色填充当前图层被路径所包围的区域，若图像中制作有选区，将填充选区和路径的交集区域。

（2）○按钮　单击该按钮，将以当前选定工具及其设置对路径进行描边。

（3）□按钮　单击该按钮，可将当前路径转为选区。

（4）◇按钮　单击该按钮，可将当前选区转换为路径。

（5）◉按钮　单击该按钮，可添加蒙版。

（6）⊞按钮　单击该按钮，可创建新路径。

（7）🗑按钮　单击该按钮，可删除当前选中的路径。拖动某路径到该按钮上也可删除该路径。

3. 路径快捷菜单

单击"路径"控制面板右上角的■按钮，将弹出如图 5-3 所示的快捷菜单，选择其中的菜单项，可对路径进行相应的操作。

5.1.2　路径工具

"路径"控制面板只为用户提供了部分关于路径的操作，而对路径的大部分操作，

如路径的创建、变形等都要依靠路径工具来完成。下面对与路径相关的工具做一下简单介绍。

图 5-3　路径快捷菜单

从 Photoshop 6.0 开始，与路径的创建、编辑和选择相关的工具均被集中到了工具箱的两个工具组中，如图 5-4 所示。

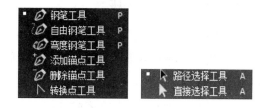

图 5-4　路径工具

各个工具的功能如下：

（1）钢笔工具　用于绘制由多点连接的线段或曲线。

（2）自由钢笔工具　用于随手绘制曲线。

（3）弯度钢笔工具　使用点来绘制或更改路径和形状。

（4）添加锚点工具　用于在当前路径上增加锚点。

（5）删除锚点工具　用于删除当前路径中的锚点。

（6）转换点工具　用于将直线锚点转换为曲线锚点，从而进行曲线调整，或将曲线锚点转换为直线锚点。

（7）路径选择工具　用于选择或移动整条路径。

（8）直接选择工具　用于选择路径或移动部分锚点位置。

此外，利用工具箱中的另一个工具组（形状工具）可以非常方便地创建特定形状的路径。形状工具组如图 5-5 所示。

图 5-5　形状工具组

5.1.3　路径的关键操作

1. 创建路径

在 Photoshop 中绘制路径时，如果当前没有选中路径，则所绘制的路径将被暂时存放在"工作路径"中，如图 5-6 所示。

图 5-6　创建"工作路径"

"工作路径"只起暂时保存路径的作用，在"路径"控制面板列表区的空白处单击，即可关闭"工作路径"。如果再次绘制路径，

则原"工作路径"中的路径将会被新路径所取代，如图 5-7 所示。

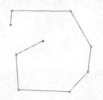

图 5-7　"工作路径"中的路径被新路径取代

因此，为了保留绘制的路径，应将"工作路径"保存起来。单击"路径"控制面板右上角的■按钮，打开快捷菜单，执行其中的"存储路径"命令，将弹出如图 5-8 所示的"存储路径"对话框，在"名称"文本框中输入路径名称，然后单击"确定"按钮，即可保存"工作路径"。此时"路径"控制面板如图 5-9 所示。

提示

双击"工作路径"也可弹出"存储路径"对话框，从而保存路径，如果双击保存过的路径，系统将不会弹出"存储路径"对话框，只是允许用户更改路径名称。在"路径"控制面板中拖动"工作路径"图层到■按钮上也可保存路径，只不过用这种方法存储路径，系统将自动按顺序为路径命名，第一个为"路径 1"，第二个为"路径 2"，依次类推。

图 5-8　"存储路径"对话框

图 5-9　保存"工作路径"后的"路径"控制面板

任何时候想创建一个新的路径，都可直接单击"路径"控制面板中的⊞按钮，系统将创建一个新的空白路径层，并给出默认名称。创建一个新的路径后的"路径"控制面板如图 5-10 所示。

图 5-10　创建新路径后的"路径"控制面板

创建"路径 2"后，即可在此路径层中绘制路径，如图 5-11 所示。由于路径层的独立性，新路径不会破坏原路径。

图 5-11　在新路径层中绘制路径

2. 编辑路径

（1）路径的绘制　钢笔是基本的路径绘制工具。下面主要讲解如何用钢笔绘制路径。选择工具箱中的钢笔工具 后，工具属性栏

如图 5-12 所示。

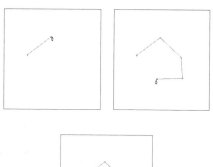

图 5-12　钢笔工具属性栏

在工具属性栏上的"工具模式"下拉列表中选择"路径"表示创建路径，选择"形状"表示创建形状图层，选择"像素"表示填充像素。"工具模式"右侧的"填充"表示以前景色填充路径区域，此选项将在选择形状工具时变为有效。选择"路径"选项后就可以用钢笔工具绘制路径了。

首先在图像窗口中单击，设定路径起始锚点，然后将鼠标指针移动一定的位置后单击，设置第二个锚点，系统会自动在起始锚点和第二个锚点之间绘制一条线段，再次移动鼠标指针并单击，设置第三个锚点，系统会在第二个锚点和第三个锚点之间绘制一条线段，以此类推，可用钢笔工具绘制出任意多边形路径。图 5-13 所示为用钢笔工具绘制的直线路径。

图 5-13　绘制直线路径

利用钢笔工具也可绘制曲线路径。在单

击设置锚点时，按住鼠标左键不放并拖动鼠标（鼠标指针变为 ▶ 形状）就可绘制曲线路径，如图 5-14 所示。

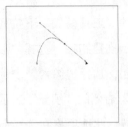

图 5-14　用钢笔工具绘制曲线路径

用钢笔工具可以绘制封闭路径，也可以绘制非封闭路径。当路径未封闭时，系统会自动在路径起点与终点之间创建一条虚拟直线，从而形成封闭区域，如图 5-15 所示。

图 5-15　绘制非封闭路径

勾选钢笔工具属性栏中的"自动添加 / 删除"复选框与否，可设置是否在使用钢笔工具绘制路径时通过将鼠标指针移至路径线条位置或锚点位置后单击来自动添加或删除锚点。选中该复选框后，将鼠标指针移至路径上没有锚点的位置，钢笔的右下方将出现一个"+"符号，此时单击将在此位置添加一个锚点，如图 5-16 所示；若将鼠标指针移至路径的锚点上，钢笔的右下方将出现一个"−"符号，此时单击可将此锚点从路径中删除，如图 5-17 所示。

图 5-16　添加锚点

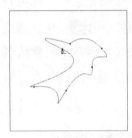

图 5-17　删除锚点

绘制的第一条路径定义了当前路径层中的有效路径区（即"路径"控制面板中路径缩略图的白色区域）。一个路径层中可以有若干条子路径，每条子路径都有自己的路径有效区，用户可以通过在工具属性栏中单击"路径操作" ▦ 工具组中的适当按钮来设置当前绘制子路径和前面所绘路径的运算方式，从而获得当前路径层中的有效路径区。

下面通过一个简单实例来说明 4 种运算方式的用法。在"工作路径"层中绘制一条未封闭的曲线路径，该路径及"路径"控制面板如图 5-18 所示。

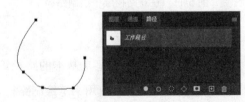

图 5-18　绘制的曲线路径及"路径"控制面板

用钢笔工具绘制如图 5-19 所示的封闭的四边形子路径，然后分别单击 4 种运算方式按钮，将得到"工作路径"层的 4 种不同的有效路径区。4 个运算方式按钮的含义简述如下：

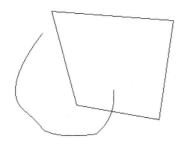

图 5-19　绘制四边形子路径

1）⬚按钮：表示将子路径所包含的区域加入到原路径区中，如图 5-20 所示。

图 5-20　路径区相加

2）⬚按钮：表示从当前路径区中减去子路径所包含的区域，如图 5-21 所示。

图 5-21　路径区相减

3）⬚按钮：表示对子路径区和原路径区求交集，如图 5-22 所示。

图 5-22　路径区相交

4）⬚按钮：表示首先将子路径区和原路径区相加，然后减去子路径区与原路径区的交集，如图 5-23 所示。

图 5-23　路径区反转

用户还可以选择工具箱中的自由钢笔工具 来绘制路径。使用自由钢笔工具，用户可以将路径绘制为任意形状的曲线。选择该工具后，在图像窗口单击设定路径起点，然后按住鼠标左键不放并拖动即可绘制曲线路径。

选择自由钢笔工具后，工具属性栏上将出现一个"磁性的"复选框，选中该复选框，自由钢笔工具将变为磁性钢笔工具，其特性类似于磁性套索工具。

和选区相比，路径更方便调整，因此当需要对图像做出精确的选取范围时，通常是先利用自由钢笔工具绘制出选取路径并调整到满足要求，再将其转换为选区。图 5-24 所示为一个利用自由钢笔工具制作精确选区的实例。

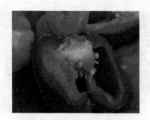

图 5-24 利用自由钢笔工具制作精确选区

（2）路径的调整 用钢笔工具绘制的路径形状如果不能满足要求，就需要对其进行调整。而路径的形状是由锚点控制的，因此通过编辑锚点，如改变锚点的性质、添加或删除锚点、移动锚点位置等，即可改变路径的形状，如图 5-25 所示。

从图 5-25 中可以看出，在某些锚点的两侧有两个调整杆。将鼠标指针移至调整杆的端点单击并拖动，可改变调整杆的长度和方向，从而调整路径的形状。

图 5-25 通过编辑锚点调整路径形状

锚点的类型有以下几种：

1）直线锚点：这类锚点的两侧均为直线。使用钢笔工具绘制路径时，直接在图像窗口中单击将创建直线锚点，如图 5-26 所示。

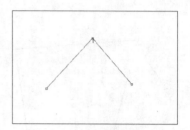

图 5-26 直线锚点

2）曲线锚点：使用钢笔工具绘制路径时，在图像窗口中单击并拖动鼠标将创建曲线锚点，如图 5-27 所示。选中转换点工具 ，单击直线锚点并拖动，也可得到曲线锚点。曲线锚点的特点是拖动锚点一侧的调整杆时，另一侧的调整杆也相应进行调整，并且两个调整杆始终相对于锚点对称。用转换点工具单击曲线锚点可将其转换为直线锚点。

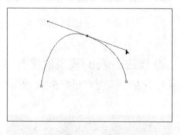

图 5-27 曲线锚点

3）贝叶斯锚点：选中转换锚点工具，将鼠标指针移至曲线锚点的调整杆端点单击并拖动，即可将曲线锚点转换为贝叶斯锚点。这类锚点的特点是，在调整锚点一侧的路径形状时，另一侧路径的形状不受影响，如图 5-28 所示。

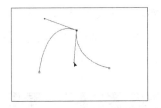

图 5-28 贝叶斯锚点

无论是哪一种锚点，选择直接选择工具 ![] 后，将鼠标指针移至该锚点上单击并拖动，均可移动该锚点的位置，如图 5-29 所示。

由于锚点的编辑非常方便，因此通过编辑锚点，用户可以任意改变用钢笔工具绘制的路径的形状，从而得到满意的路径。或者将调整好的路径转换为选区，从而得到精确的选区。

读者应该熟练掌握对锚点的编辑。

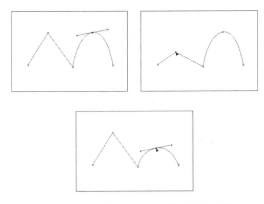

图 5-29 用直接选择工具移动锚点位置

（3）路径的选择与变换 Photoshop 的工具箱中提供了针对路径的两个选择工具，即路径选择工具 ![] 和直接选择工具 ![]。

路径选择工具 ![] 用于选择或移动整条路径，选择该工具后，在路径上的某一部位单击，此时路径显示所有的锚点，而且这些锚点都是实心的，表示路径被选中，如图 5-30 所示。

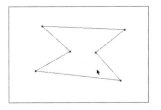

图 5-30 选择整条路径

当路径层中有若干条子路径时，使用路径选择工具可以选择所有的子路径，也可以只选择其中的部分子路径。若要同时选择多条子路径，只需在选中路径选择工具后，按住 Shift 键单击要选择的路径即可。或者在图像窗口中路径区域外的空白处单击并拖动鼠标，将要选择的路径全部或部分围在虚线框中，也可实现路径的选择，如图 5-31 所示。

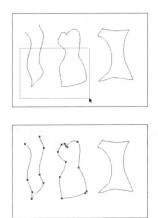

图 5-31 选择子路径

直接选择工具 ![] 用于选择或移动路径上部分锚点位置。选择该工具后，在路径的某个锚点上单击并拖动，即可移动该锚点的位置。若要移动一条路径中的部分锚点，可首先在空白区域单击并拖动鼠标，将需要移动的锚点围在虚线框中，然后选中这些锚点，单击并拖动鼠标就可移动选中的锚点了，如图 5-32 所示。

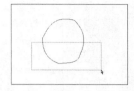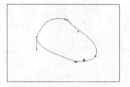

图 5-32　选择并移动部分锚点

　　在用选择工具选择出部分或整条路径后，可执行"编辑"→"自由变换"命令对路径进行变换，如图 5-33 所示。其操作和图像的变换操作一样。

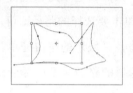

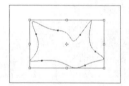

图 5-33　变换路径

提示
选择 工具或 工具后，按住 Ctrl 键在图像窗口中单击，可在这两种选择工具之间进行切换。

　　（4）复制与删除路径　和图层、通道一样，在"路径"控制面板中拖动某路径（非工作路径）到下方的 ⊞ 按钮上，将复制该路径，如图 5-34 所示。要删除某路径，可将该路径拖动到下方的 🗑 按钮上。

　　在路径区中还可以对子路径进行复制。首先选中路径选择工具，再选中要复制的路径，然后在按住 Alt 键的同时单击并拖动鼠标

　　（此时鼠标的右下角将出现一个"+"符号），即可在同一个路径区中复制出相同的子路径，如图 5-35 所示。

图 5-34　复制路径

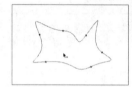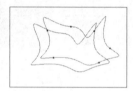

图 5-35　复制子路径

　　要删除某条子路径，只需在选中该路径后按 Delete 键即可。

　　（5）路径的填充与描边　利用路径虽然能够绘制出需要的图形，但它只是一个辅助工具，在图像中实际上是看不到路径的。只有对路径进行填充、描边，或者将其转换为选区，才能真正发挥路径的作用。

　　要填充路径，可单击"路径"控制面板右上角的 ▤ 按钮，在弹出的路径快捷菜单中选择"填充路径"，系统将打开如图 5-36 所示的"填充路径"对话框，在此对话框中可设置填充内容（前景色、背景色或图案等）、

不透明度、色彩混合模式、羽化半径，以及是否消除锯齿等。图 5-37 所示为按图 5-36 所示的对话框设置对路径进行填充的效果。

图 5-36　"填充路径"对话框

图 5-37　填充路径效果图

要描边路径，可执行路径快捷菜单中的"描边路径"命令，系统将弹出如图 5-38 所示的"描边路径"对话框。在该对话框的"工具"下拉列表中可选择用于描边路径的工具，但没有相关工具的参数设置，因此在执行描边命令前，首先应选择希望使用的描边工具，然后在其工具属性栏中设置工具的相关参数。这里设置画笔的直径为 5 个像素、不透明度为 100%、前景色为红色，然后执行"描边路径"命令，在"工具"下拉列表中选择铅笔工具，单击"确定"按钮，结果如图 5-39 所示。

图 5-38　"描边路径"对话框

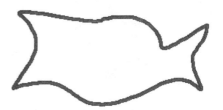

图 5-39　描边路径效果图

如果不需要设置填充和描边参数，可直接单击"路径"控制面板中的填充按钮◉和描边按钮◯对路径进行填充和描边。

提示
"填充路径"和"描边路径"命令都是针对当前图层进行的操作。如果选中路径层中的一条子路径，则路径快捷菜单中的该两项将变为"填充子路径"和"描边子路径"，可对选中的子路径进行填充和描边。

3. 路径与选区的相互转换

除了在编辑路径的状态下可对路径进行填充和描边，用户还可将路径转换为选区，对图像进行进一步的操作。这是路径功能的重要体现。

在路径层中绘制路径之后，单击"路径"控制面板中的▦按钮，即可将当前路径层中的有效路径区域转换为选区。图 5-40 所示为将路径区域转换为选区，并对选区进行填充后的效果。

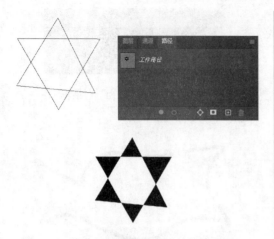

图 5-40　将路径区域转换为选区并填充选区

如果执行路径快捷菜单中的"建立选区"命令，系统将打开如图 5-41 所示的"建立选区"对话框，用户可在该对话框中设置选区的羽化半径、是否消除锯齿，以及和原有选区的运算关系等。

图 5-41　"建立选区"对话框

提示
如果路径未封闭，则在将路径转换为选区时，系统会自动连接该路径的起点和终点，形成封闭区域，从而得到封闭的选区。

由于选区的调整很不方便，特别是不能对局部选区进行调整，因此可以先将选区转换为路径，利用路径工具调整好路径后，再将其转换为选区，从而达到灵活调整选区的目的。要将选区转换为路径，可直接单击"路径"控制面板中的  按钮，或执行路径快捷菜单中的"建立工作路径"命令，此时系统将打开如图 5-42 所示的"建立工作路径"对话框，用户可在对话框中设置容差值（该数值越小，转换越精确，路径上的锚点也就越多）。

图 5-42　"建立工作路径"对话框

4. 使用形状工具

虽然路径工具允许用户绘制任意形状的路径，但在很多情况下，用户绘制的路径都是规则的形状（如矩形、椭圆形等）或者一些特定的形状（如星形、箭头等）。为此，Photoshop 2024 为用户提供了一组形状工具，它们被放置在工具箱的一个工具组当中，如图 5-43 所示。

图 5-43　形状工具组

形状工具组中有 5 个基本的形状工具和一个自定形状工具。其实，它们在钢笔工具属性栏上有对应的按钮，单击任何一个按钮，即可把当前工具转换为形状工具。此时工具属性栏如图 5-44 所示。

图 5-44 形状工具属性栏

如果选中自定形状工具 ，工具属性栏的中间将出现形状选项，单击 按钮可打开如图 5-45 所示的下拉列表框，从中可选择所要绘制路径的形状。单击下拉列表框右上角的 按钮，将打开一个快捷菜单，选择适当的菜单项可改变下拉列表框的显示方式或更改显示的形状内容。

图 5-45 自定形状下拉列表框

单击自定形状工具 工具属性栏上的 按钮，将打开如图 5-46 所示的"路径选项"面板，在其中可设置形状工具绘制路径的相关属性。此面板中各选项的含义很明显，这里不做详细介绍。

图 5-46 "路径选项"面板

在形状工具属性栏上的"工具模式"下拉列表中选择"形状" 时，绘制形状后系统将创建一个形状图层。

下面来看一个创建形状图层的示例。

1）选中自定形状工具 ，选择菜单栏

中的"形状"，显示"形状"控制面板，如图 5-47 所示。单击右上角的 按钮，选择旧版形状及其他。

图 5-47 "形状"控制面板

2）在所有旧版默认形状中选择动物形状中的"猫"形状，并设置前景色为蓝色。

3）在图像窗口中拖动鼠标，绘制"猫"形状路径，系统将创建一个形状图层，并以前景色填充该图层。此时的图像窗口和"图层"控制面板如图 5-48 所示。

图 5-48 创建"猫"形状图层后的图像窗口和"图层"控制面板

4）选择菜单栏中的"窗口"，单击"样式"，在弹出的"样式"控制面板中设置样式为 样式，此时的图像窗口和"图层"控制面板如图 5-49 所示。

图 5-49 应用图层样式后的图像窗口和
"图层"控制面板

建路径，和使用路径工具编辑路径的方法基本相同，只不过此时绘制的是具有特定形状的路径。使用形状工具绘制路径如图 5-50 所示。

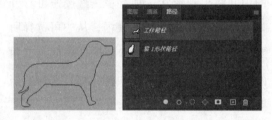

图 5-50 使用形状工具绘制路径

创建形状图层后，如果想修改形状，可选择路径工具调整透明区域对应的路径，方法和调整用钢笔工具绘制的路径完全相同。

若在选中形状工具的情况下在工具属性栏上选择"路径"，表示此时用户可创

若选择"工具模式"下拉列表中的"像素"，则表示仅对当前图层以前景色填充使用形状工具绘制的区域，既不创建形状图层，也不创建路径。此时的工具属性栏如图 5-51 所示。

图 5-51 形状工具属性栏

在工具属性栏上可设置填充的色彩模式、不透明度和是否消除锯齿等。图 5-52 所示为设置不透明度分别为 100% 和 50% 的填充效果。

在 Photoshop 2024 中，用户可以将文字图层转换为形状图层，然后利用路径工具调整文字的形状来制作一些特殊效果。例如，对如图 5-53 所示的文字图层执行"文字"→"转换为形状"命令，可将文字图层转换为形状图层，结果如图 5-54 所示。

a) 不透明度为 100%   b) 不透明度为 50%

图 5-52 填充形状区域

图 5-53 文字图层

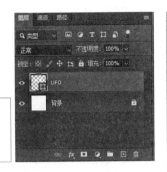

图 5-54　将文字图层转换为形状图层

选中工具箱中的直接选择工具![箭头图标]，选择"U"和"F"的一个锚点并移动其位置，结果如图 5-55 所示。然后右击，通过弹出的快捷菜单调整形状曲线，结果如图 5-56 所示。

图 5-55　移动锚点位置

图 5-56　调整形状曲线

5.2　路径的应用

路径是在用 Photoshop 处理图像特别是进行图像创作时经常用到的一项功能。利用 Photoshop 提供的路径工具，可以很方便地编辑路径，绘制各种图形。掌握了路径工具，再加上较强的美术功底，即可使 Photoshop 成

为随心所欲的画笔，用来创作精彩的作品。下面来看两个示例。

图 5-57 所示的超酷界面中的弧形装饰部分的外形就是用路径工具绘制的。如果没有路径工具非常方便的路径形状调整功能，很难想象能够把这样的形状制作得如此完美。

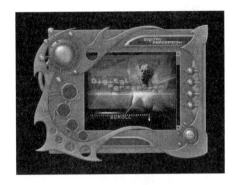

图 5-57　示例图 1

图 5-58 所示为利用路径制作的胶片图像。首先用钢笔等路径工具绘制出胶片的曲线，然后将路径转换为选区，进行颜色填充。作品中还大量利用通道技术，存储并制作出不同的选区，作为填充区域，并用于调整胶片的光泽度。

图 5-58　示例图 2

下面通过四个路径应用的实例来讲解路径的功能和用法。

5.2.1 制作实用的自定义画笔——钢笔工具运用

在处理图像的过程中，用户可能会通过给图像添加一些闪亮的星状图形，来点缀、丰富图像，以达到特殊的效果，如图5-59中各种形状和不同大小的星形就是用自定义画笔添加到图像当中去的。

图 5-59　星形

这个实例主要讲解了如何编辑钢笔工具绘制的路径，得到不同的路径形状，然后通过进一步操作定义为画笔。

通过这个实例，读者可以掌握如何根据需要，发挥自己的想象力，制作出实用的画笔或图案，为自己的作品画龙点睛。

下面介绍星形画笔的制作过程。

1）新建一个 200×200 的灰度图像，背景设置为白色，如图5-60所示。

2）执行"视图"→"显示"→"网格"命令，显示网格，并执行"编辑"→"首选项"→"参考线、网格和切片"命令，打开"首选项"对话框，在其中设置网格线间隔为100像素、子网格数为15，结果如图5-61所示。

3）选中工具箱中的钢笔工具，绘制十字星形路径，如图5-62所示。

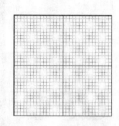

图 5-60　新建图像　　　图 5-61　显示网格

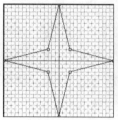

图 5-62　用钢笔工具绘制十字星形路径

4）选中直接选择工具，移动中间4个锚点，使其更加靠近中心，如图5-63所示。

5）按 Ctrl+' 组合键隐藏网格，在"路径"控制面板中单击■按钮，将路径转换为选区，如图5-64所示。

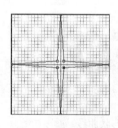
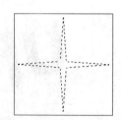

图 5-63　移动锚点　　图 5-64　将路径转换为选区

6）回到"图层"控制面板，新建"图层1"，选中渐变工具，设置黑色到白色渐变，并选择"径向"渐变方式，然后从图像中心到边缘拖动鼠标指针制作渐变，结果如图5-65所示。

7）取消选区，隐藏背景图层，如图5-66所示。

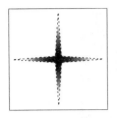 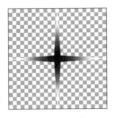

图 5-65　制作渐变　　图 5-66　隐藏背景图层

8）执行"图像"→"图像大小"命令，在打开的"图像大小"对话框中将图像大小调整为 80 像素 ×80 像素，如图 5-67 所示。

图 5-67　调整图像大小

9）执行"编辑"→"定义画笔预设"命令，系统将打开如图 5-68 所示的"画笔名称"对话框，在"名称"文本框中输入"十字星"，然后单击"确定"按钮，完成画笔的定义。

图 5-68　"画笔名称"对话框

10）打开如图 5-69 所示的素材图像。

11）选中工具箱中的画笔工具，在工具属性栏上选择刚才定义的"十字星"画笔，设置前景色为白色，然后在图像的不同位置单击，结果如图 5-70 所示。

图 5-69　素材图像

图 5-70　用自定义画笔绘制星形

12）若在步骤 4）中将中间的 4 个锚点移至更加靠近中心，并将不同大小的图像定义为画笔，会得到不同的效果。图 5-71 所示为使用不同的自定义画笔绘制的图像。

图 5-71　使用不同的自定义画笔绘制的图像

接下来再来定义两个画笔。

13）回到步骤 4），选中路径选择工具，在十字星上单击选择整条路径。然后执行"编辑"→"自由变换"命令，将路径旋转 45°，如图 5-72 所示。重复后面的操作（和前述完全相同），即可定义一个"×"形状画笔。

14）再回到步骤 4），用路径选择工具

选中整条路径，按 Ctrl+C 组合键复制路径，再按 Ctrl+V 组合键粘贴，然后执行"编辑"→"自由变换"命令，将粘贴的路径旋转 45°，并将其缩小，如图 5-73 所示（注意：在工具属性栏上要按下 按钮）。重复后面的操作（和前述完全相同），即可定义一个两个十字交叉的画笔。

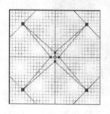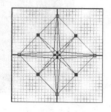

图 5-72　变换路径　　图 5-73　复制并变换路径

15）利用刚才定义的两个画笔绘制图像，结果如图 5-74 所示。

图 5-74　利用新定义画笔绘制图像

5.2.2　MUSIC——形状工具应用

无论从构图还是从操作技巧来说，这都是一幅比较简单的作品。

如图 5-75 所示，音乐是这幅作品的主题，图中用显眼的文字和符号来突出主题。

制作该作品虽然操作简单，但是如果没有 Photoshop 提供的方便的形状工具，图中音乐符号的制作就会相当麻烦。因此，正确地使用形状工具，会给创作带来许多便利。

图 5-75　MUSIC

下面介绍这幅作品的制作过程。

1）新建一个 320×450 的 RGB 图像，设置背景透明，如图 5-76 所示。

2）设置背景色的 R 为 210、G 为 11、B 为 11，按 Ctrl+Delete 组合键填充图像，结果如图 5-77 所示。

图 5-76　新建图像　　图 5-77　填充图像

3）选中矩形工具，在工具属性栏上的"工具模式"下拉列表中选择"路径"，制作如图 5-78 所示的矩形路径。

4）选中添加锚点工具 ，在矩形路径上添加一个锚点，并用直接选择工具调整路径形状如图 5-79 所示。

图 5-78　制作矩形路径　　图 5-79　调整路径形状

5）设置前景色为黑色，新建"图层 2"（新建图像时若设置背景透明，则系统默认为创建"图层 1"），单击"路径"控制面板中的 ⬤ 按钮，填充路径，结果如图 5-80 所示。

6）用文字工具输入"MUSIC"字样，字体颜色设置为白色（便于观察），如图 5-81 所示。

图 5-80　填充路径　　　图 5-81　输入文字

7）栅格化文字图层，并载入该层文字选区。选择渐变工具，设置渐变为白色到背景色渐变，在选区内从上往下拖动鼠标指针，结果如图 5-82 所示。

8）选中自定形状工具 🐾，单击自定形状后的 ˅ 按钮，选择所有旧版默认形状中的"音乐"，在列表框中选择"♪"符号，并在"工具模式"下拉列表中选择"像素"（以前景色填充路径区域），新建"图层 3"，将鼠标指针在图中拖动，绘制音乐符号，结果如图 5-83 所示。

图 5-82　制作渐变　　图 5-83　使用形状工具
绘制音乐符号

9）先后在"图层 3"下方新建"图层 4"和"图层 5"，并按上述方法绘制一大一小两

个音乐符号，结果如图 5-84 所示。

图 5-84　使用形状工具绘制一大一小音乐符号

10）复制"图层 3"，将其重命名为"图层 6"，位于"图层 3"与"图层 4"之间。载入"图层 3"选区，填充白色。然后分别对"图层 3"和"图层 6"执行"滤镜"→"风格化"→"风"命令，弹出"风"对话框，在对话框中设置参数如图 5-85a 所示。生成的效果图如图 5-85b 所示。

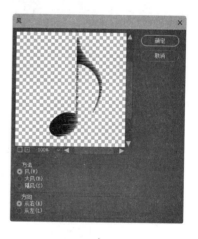

a)

b)

图 5-85　制作"风"效果图

11）调整"图层 4"和"图层 5"的不透明度为 75% 和 55%。此时的图像窗口和"图层"控制面板如图 5-86 所示。

图 5-86 调整不透明度后的图像窗口和"图层"控制面板

12）用文字工具在图像上方输入"enjoy music & yourself"字样，最终效果如图 5-87 所示。

图 5-87 最终效果图

5.2.3 竹子——路径与图层的综合应用

Photoshop 是功能非常强大的图像处理软件，它不仅可以处理各种形式的素材图像，制作出各种不同的效果，也可以用来进行绘画创作。

图 5-88 所示的这幅竹子图像就是在制作过程中没有用到任何素材，用 Photoshop 原创的绘画作品。

图 5-88 竹子

该作品的制作综合运用了路径和图层技术，如利用路径绘制出竹筒和竹叶的形状，并运用图层体现出竹子和竹叶的层次感。此外，实例中还用到了部分滤镜命令。通过这个实例，读者可以掌握路径的变形、填充和描边等操作，并巩固图层的相关知识（如运用层组），学会如何体现图像的层次感。

下面开始竹子的制作。

1）新建一个 800×600 的 RGB 图像，设置背景色为白色，如图 5-89 所示。

图 5-89 新建图像

2）下面首先用路径来制作竹筒的形状。用矩形工具▣绘制如图 5-90 所示的矩形路径。在绘制路径时，应在工具属性栏上的"工具模式"下拉列表中选择"路径"。

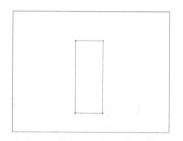

图 5-90　用矩形工具绘制矩形路径

3）选中转换点工具▨，转换矩形路径左上角的直线锚点为曲线锚点，并拖动调整杆调整该锚点两侧的路径，如图 5-91 所示。

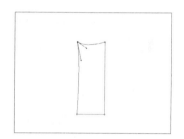

图 5-91　调整左上角锚点及路径

4）调整其他三个锚点，结果如图 5-92 所示。此时一个竹筒的形状已基本显现出来，接下来要对其进行复制和调整，制作出其他与其稍有不同的竹筒形状。

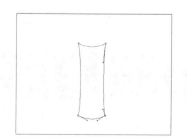

图 5-92　调整其他锚点

5）选中路径选择工具▨，在路径上单击，选中整条路径，执行"编辑"→"自由变换路径"命令，适当缩小路径，如图 5-93 所示。

6）按 Enter 键应用变换。在选中路径的情况下，按 Ctrl+C 组合键复制路径，然后按 Ctrl+V 组合键粘贴路径，并将粘贴的路径移至原路径上方，如图 5-94 所示。

7）将图像放大到 200%，如图 5-95 所示。观察两个竹筒的连接处，可以看出竹节的形状还不够逼真，需对其进行一定的调整。

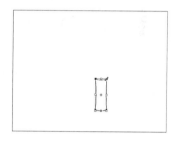

图 5-93　变换路径

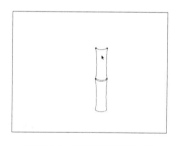

图 5-94　复制并移动路径

图 5-95　放大图像

8）用直接选择工具  调整竹节形状，如图 5-96 所示。

图 5-96　调整竹节形状

9）用路径选择工具选中这两个竹筒路径，并在按住 Alt 键的同时拖动鼠标指针，复制得到另两个竹筒路径，将其移至原路径的上方。然后选中所有竹筒路径，调整其位置如图 5-97 所示。

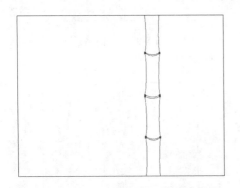

图 5-97　复制并移动路径

10）用直接选择工具适当调整中间竹节的形状，如图 5-98 所示。

11）竹子的形状到此已基本制作完成，路径暂时存储在"工作路径"当中，将其保存。在"路径"控制面板中双击"工作路径"，在弹出的对话框中输入"竹筒路径"字样。保存"工作路径"前后的"路径"控制面板如图 5-99 所示。

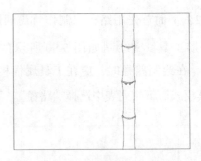

图 5-98　调整竹节形状

图 5-99　保存"工作路径"前后的
"路径"控制面板

12）下面为竹子着色。在"路径"控制面板中单击 按钮，将路径转换为选区，如图 5-100 所示。

13）选中工具箱中的渐变工具，在工具属性栏中设置颜色渐变条如图 5-101 所示。

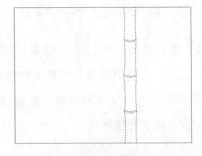

图 5-100　将路径转换为选区

图 5-101　设置颜色渐变条

这里假设光源在右方。

14）新建"图层 1"，在选区范围内从左至右拖动鼠标指针，为竹筒填充渐变颜色。此时图像窗口和"图层"控制面板如图 5-102 所示。

住并拖动鼠标左键，在竹节处涂抹，结果如图 5-104 所示。

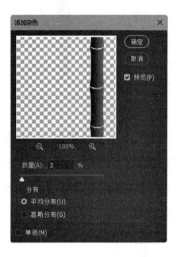

a)

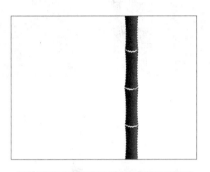

图 5-102　填充渐变后的图像窗口和
"图层"控制面板

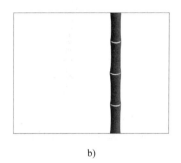

b)

图 5-103　为竹筒表面添加杂色

15）按 Ctrl+D 组合键取消选区。执行"滤镜"→"杂色"→"添加杂色"命令，弹出"添加杂色"对话框，在其中如图 5-103a 所示设置参数，为竹筒表面添加杂色效果，结果如图 5-103b 所示。

一般来说，竹筒表面的颜色深度是不相同的，竹节部分的颜色应该深一些，而竹筒中间部分的颜色应该浅一些，因此需要对竹筒颜色做相应的调整。

16）选择工具箱中的加深工具 ，在工具属性栏上选择适当的画笔半径和曝光度（曝光度数值越大，颜色加深幅度越大），按

图 5-104　用加深工具加深竹节颜色

17）在调整的过程中应不断改变画笔的大小和曝光度，使得竹节和竹筒之间的颜色有一个过渡。加深颜色后的效果如图 5-105 所示。

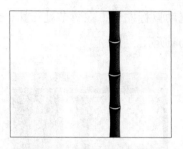

图 5-105　加深颜色后的效果

18）选择减淡工具 ，对图像进行修正，得到如图 5-106 所示的图像。同样，在修正的过程中也要不断改变画笔的大小和曝光度（曝光度数值越大，颜色减淡幅度越大）。此时，竹筒表面的效果看起来已经比较逼真。

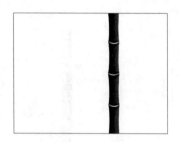

图 5-106　用减淡工具修正后的图像

19）执行"图像"→"调整"→"色相/饱和度"命令，弹出"色相/饱和度"对话框，如图 5-107a 所示调整竹筒的色相及饱和度，使其颜色看起来更加逼真，结果如图 5-107b 所示。

20）下面为竹筒填充光泽渐变，增加其立体感。选择渐变工具，在工具属性栏中设置颜色渐变条如图 5-108 所示，并选择对称渐变方式，不透明度设置为 25%。

21）将"图层 1"改名为"竹筒层 1"，复制"竹筒层 1"为"竹筒层 1 拷贝"。按住 Ctrl 键单击"竹筒层 1"，载入竹筒选区，如图 5-109 所示。

a)

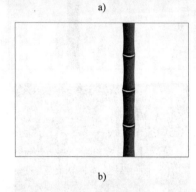

b)

图 5-107　调整竹筒色相/饱和度

图 5-108　设置颜色渐变条

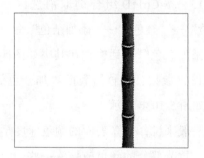

图 5-109　载入竹筒选区

22）设置"竹筒层 1"为当前图层，将鼠标指针移至竹筒上偏右侧，单击并向左（右）拖动一小段距离，随即松开鼠标。取消选区，结果如图 5-110 所示。

图 5-110　制作渐变

此时竹筒已基本制作完成，但它只包括图中的绿色部分，并不包括各竹筒之间的白色竹节，因此还需做如下处理。

23）链接背景图层和"竹筒层 1"，按Ctrl+E 组合键合并链接图层。合并图层前后的"图层"控制面板如图 5-111 所示。

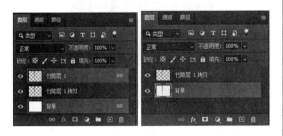

图 5-111　合并图层前后的"图层"控制面板

24）设置"背景"图层为当前图层，按住 Ctrl 键单击"竹筒层 1 拷贝"，载入选区，如图 5-112 所示。

图 5-112　载入竹筒选区

25）选择套索工具，按住 Shift 键选择白色竹节部分，得到竹子选区（包括竹筒和竹节），如图 5-113 所示。

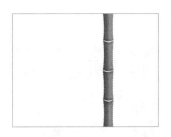

图 5-113　选择竹子选区

26）按 Ctrl+J 组合键复制并粘贴选区中的内容，系统将自动创建一个粘贴图层，将该图层改名为"竹子层 1"。然后新建"图层 1"，填充黑色，调整各图层顺序。此时图像窗口和"图层"控制面板如图 5-114 所示。"竹筒层 1 拷贝"和"背景"图层已不再使用，可将其删掉。

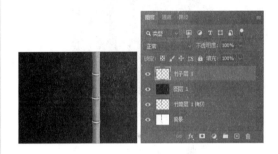

图 5-114　调整图层顺序后的图像窗口和"图层"控制面板

27）观察发现，此时竹子的阴暗面（左侧）不够暗，还需要做些调整。选择渐变工具，在工具属性栏中设置颜色渐变条如图 5-115 所示，选择"线性"渐变方式，不透明度设置为 60%。

图 5-115　设置颜色渐变条

28）设置"竹子层 1"为当前图层，并载入该图层选区，将鼠标指针从竹子的左侧拖动至竹子的右侧制作渐变，然后取消选区，结果如图 5-116 所示。

图 5-116　制作渐变来体现竹子的阴暗面

29）此时竹节左侧的白色部分还有些亮，应该再暗些。选择加深工具 ，涂抹该部分，结果如图 5-117 所示。此时竹子的明暗度已比较符合实际情况。

图 5-117　加深竹节左侧部分

对该竹子的制作到这里告一段落，接下来利用这一根竹子复制出若干根竹子。复制的竹子需要体现出每根竹子的差别，并具有一定的层次感。首先来处理前面的几根竹子。

30）复制"竹子层 1"为"竹子层 2"，用加深工具和减淡工具为"竹子层 2"增加一些纹路。对"竹子层 2"执行"编辑"→"自由变换"命令，使其旋转一定的角度，然后执行"图像"→"调整"→"色相/饱和度"命令，在弹出的"色相/饱和度"对话框中如图 5-118a 所示调整色相及饱和度，结果如图 5-118b 所示。

31）为"竹子层 2"添加图层蒙版。选择渐变工具，设置黑色到白色渐变、渐变方式为"线性"、不透明度为 80%，编辑图层蒙版，从右上方向左下方拖动鼠标指针，制作渐变。此时图像和"图层"控制面板如图 5-119 所示。

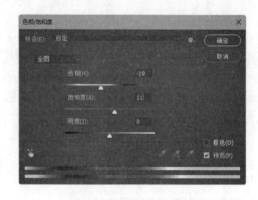

a)

b)

图 5-118　调整"竹子层 2"的色相及饱和度

图 5-119　添加并编辑图层蒙版后的图像和
"图层"控制面板

接下来制作一根直一些的竹子。

32）复制"竹子层 1"为"竹子层 3"，按 Ctrl+T 组合键对"竹子层 3"做自由变换，然后选中矩形选框工具，制作如图 5-120 所示的选区。

图 5-120　变换"竹子层 3"并制作矩形选区

33）按 Shift+Ctrl+I 组合键反转选区，并按 Delete 键删除选区内的内容，然后取消选区，结果如图 5-121 所示。可以看出，得到一根竹节并不突出的竹子。

图 5-121　删除反转选区内的内容

34）执行"图像"→"调整"→"色相 / 饱和度"命令，在弹出的"色相 / 饱和度"对话框中如图 5-122a 所示调整"竹子层 3"的色相及饱和度，结果如图 5-122b 所示。

35）由于这根竹子稍微靠后，因此需要用加深工具去除"竹子层 3"的亮光部分，并加深竹筒部分区域，结果如图 5-123 所示。

36）制作竹子表面的黑斑效果。新建"图层 2"，用画笔工具以黑色在竹筒上绘制如图 5-124 所示的黑色区域。

a)

b)

图 5-122　调整"竹子层 3"的色相及饱和度

图 5-123　加深工具处理效果

图 5-124　用画笔工具绘制黑色区域

37）执行"滤镜"→"模糊"→"高斯模糊"命令，在弹出的"高斯模糊"对话框中如图 5-125a 所示设置参数，结果如图 5-125b 所示。

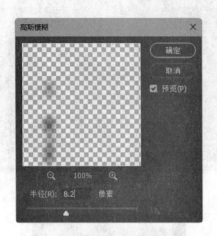

a)

b)

图 5-125　对竹筒上黑色区域使用"高斯模糊"滤镜

38）合并"图层 2"和"竹子层 3"，得到"竹子层 3"。

39）设置"竹子层 3"为当前图层，执行"滤镜"→"模糊"→"高斯模糊"命令，在弹出的"高斯模糊"对话框中设置半径为 1 个像素，结果如图 5-126 所示。

40）调整"竹子层 3"的不透明度为 65%，结果如图 5-127 所示。

41）为"竹子层 3"添加图层蒙版，并选择渐变工具在图层蒙版中制作渐变图案。此时图像和"图层"控制面板如图 5-128 所示。

图 5-126　对"竹子层 3"使用"高斯模糊"滤镜

图 5-127　调整"竹子层 3"的不透明度

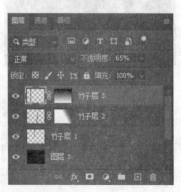

图 5-128　添加并编辑图层蒙版后的图像和

"图层"控制面板

42）按步骤 20）所述方法为"竹子层 3"添加少许光泽度，渐变不透明度设置为 10%，如图 5-129 所示。

图 5-129　为"竹子层 3"添加光泽度

43）制作左侧角落里的竹子。复制"竹子层 1"为"竹子层 4"，并按 Ctrl+T 组合键对"竹子层 4"做自由变换，结果如图 5-130 所示。

图 5-130　自由变换"竹子层 4"

44）由于该竹子位于角落里，故应使其看上去较暗。在"色相 / 饱和度"对话框中如图 5-131a 所示调整"竹子层 4"的色相及饱和度，结果如图 5-131b 所示。

45）执行"滤镜"→"高斯模糊"命令，打开"高斯模糊"对话框，模糊半径设置为 1.2 个像素。

46）为"竹子层 4"添加图层蒙版，并选择渐变工具在图层蒙版中制作渐变图案。此时图像和"图层"控制面板如图 5-132 所示。

47）分别应用"竹子层 2"~"竹子层 4"的三个图层蒙版，在图层蒙版缩略图上右击，执行快捷菜单中的"应用图层蒙版"命令。

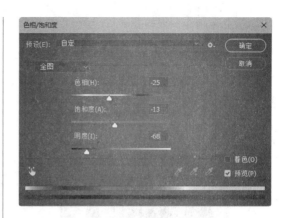

a)

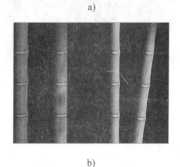

b)

图 5-131　调整"竹子层 4"的色相及饱和度

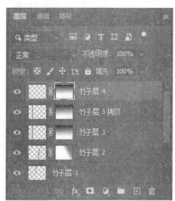

图 5-132　添加并编辑图层蒙版后的图像和
"图层"控制面板

接下来制作一根枯萎的竹子。

48）复制"竹子层 4"为"竹子层 5"，按 Ctrl+T 组合键对"竹子层 5"进行自由变换，将其顺时针旋转一定的角度，结果如图 5-133 所示。

图 5-133　自由变换"竹子层 5"

49）调整"竹子层 5"的色相及饱和度，结果如图 5-134 所示。

图 5-134　调整"竹子层 5"的色相及饱和度

50）按照给"竹子层 3"添加黑斑的方法，给"竹子层 5"添加黑斑（注意将黑斑图层和"竹子层 5"合并），结果如图 5-135 所示。

51）设置"竹子层 5"为当前图层，执行"滤镜"→"模糊"→"高斯模糊"命令，设置模糊半径为 3 个像素，结果如图 5-136 所示。

52）由于"竹子层 3"的不透明度为 65%，故透过它能看到"竹子层 5"不符合实际情况，应将"竹子层 5"中被"竹子层 3"遮住的部分删掉。载入"竹子层 3"的选区，按 Delete 键删除"竹子层 5"的部分区域，结果如图 5-137 所示。

图 5-135　给"竹子层 5"添加黑斑

图 5-136　对"竹子层 5"使用"高斯模糊"滤镜

图 5-137　删除"竹子层 5"的部分区域

53）设置"竹子层 1"为当前图层，按 Ctrl+T 组合键对该图层执行自由变换，稍微增加竹子的宽度，如图 5-138 所示。

54）借助矩形选框工具，采用和步骤 32）、33）相同的方法，剪掉竹节中过于突出的部分，然后按 Ctrl+T 组合键，将竹子逆时针旋转一定的角度，如图 5-139 所示。

图 5-138　自由变换"竹子层 1"（变宽）

图 5-139　自由变换"竹子层 1"（旋转）

55）执行"图像"→"调整"→"色相 / 饱和度"命令，调整"竹子层 1"的色相及饱和度，结果如图 5-140 所示。

图 5-140　调整"竹子层 1"的色相及饱和度

56）用加深工具和减淡工具进一步修饰竹子表面，使其表面的颜色深度有一定的变化，如图 5-141 所示。

图 5-141　用加深工具和减淡工具修饰竹子表面

57）为"竹子层 1"添加图层蒙版，并对图层蒙版制作渐变，编辑图层蒙版后的图像如图 5-142 所示。

图 5-142　添加并编辑图层蒙版

58）重复复制"竹子层 1"和"竹子层 2"，得到"竹子层 6"~"竹子层 10"，对每个图层进行变换，调整竹子的位置及大小，然后调整每个图层的色相及饱和度，并执行"滤镜"→"模糊"→"高斯模糊"命令，根据竹子层次的不同设置不同的模糊半径，完成后方竹子的制作，结果如图 5-143 所示。

图 5-143　制作后方的竹子

59）在"图层"控制面板中建立两个图层组（"序列1"和"序列2"），将"竹子层1"～"竹子层4"放入"序列1"中，将"竹子层5"～"竹子层10"放入"序列2"中。此时"图层"控制面板如图5-144所示。

图5-144　建立图层组后的"图层"控制面板

60）在竹林中间加一些"雾"的效果，进一步体现层次感。在"序列1"和"序列2"之间新建"图层2"，如图5-145所示。

图5-145　新建图层

61）选择椭圆选框工具，在工具属性栏中设置羽化半径为20个像素，在图中制作如图5-146所示的选区。

图5-146　制作椭圆形选区

62）用白色填充选区，并将"图层2"的不透明度调整为20%，如图5-147所示。

图5-147　填充选区并调整图层不透明度

63）取消选区，执行"滤镜"→"模糊"→"高斯模糊"命令，设置模糊半径为43个像素，结果如图5-148所示。

图5-148　使用"高斯模糊"滤镜

竹子的制作已经完成，接下来制作竹叶。

64）绘制枝干路径。在"路径"控制面板中新建"枝干路径1"，用钢笔工具绘制路径，如图5-149所示。

65）在"路径"控制面板中新建"枝干路径2"，再用钢笔工具绘制部分枝干，如图5-150所示。这里要说明的是，枝干之所以分两次绘制，是由于光线的不同，使两处枝干的颜色有所差别，因此必须分别予以处理。

66）对路径进行描边。由于描边路径需要用到画笔工具，因此首先设置画笔工具参数。在工具箱中选中铅笔工具，设置画笔直径为 1 个像素、不透明度为 100%，再设置前景色的 R 为 196、G 为 223、B 为 155。

图 5-149　绘制"枝干路径 1"

图 5-150　绘制"枝干路径 2"

67）在"图层"控制面板中新建"枝干层 1"，设置"枝干路径 1"为当前路径，单击"路径"控制面板中的  按钮，描边路径；新建"枝干层 2"，设置"枝干路径 2"为当

前路径，再次单击  按钮，描边路径。单击"路径"控制面板列表区的空白处，关闭路径显示。此时图像和"图层"控制面板如图 5-151 所示。

图 5-151　描边枝干路径后的图像和
"图层"控制面板

68）回到"路径"控制面板，设置"枝干路径 2"为当前路径，按住 Ctrl 键并按向上和向左方向键各一次，移动路径。设置前景色的 R 为 115、G 为 115、B 为 115（55% 灰色），"枝干层 2"仍为当前图层，单击"路径"控制面板中的 按钮，描边路径，结果如图 5-152 所示。

69）双击"枝干层 2"，为该图层添加"投影"图层样式，结果如图 5-153 所示。合并"枝干层 1"和"枝干层 2"为"枝干层"。

70）制作竹叶。新建"竹叶路径 1"，用钢笔工具绘制如图 5-154 所示的路径。

图 5-152　移动并描边路径

图 5-153　为"枝干层 2"添加"投影"图层样式

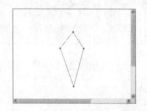

图 5-154　用钢笔工具绘制路径

71）用转换点工具将左右两个直线锚点转换为曲线锚点，然后用直接选择工具调整路径为竹叶形状，如图 5-155 所示。

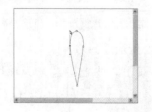

图 5-155　调整路径为竹叶形状

72）用路径选择工具选中路径，按住 Alt 键拖动复制路径，结果如图 5-156 所示。

73）按 Ctrl+T 组合键变换路径，将其旋转一定的角度，并调整大小，结果如图 5-157 所示。

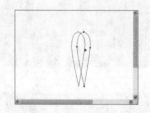

图 5-156　复制路径

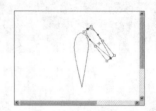

图 5-157　变换路径

74）采用同样的方法复制出更多的竹叶路径，并适当调整路径的形状，使竹叶的外形有一定的变化，结果如图 5-158 所示。

图 5-158　复制并调整竹叶路径

75）下面制作竹叶的层次感。这里需要分层绘制竹叶。首先在"竹叶路径 1"中绘制底层竹叶路径，如图 5-159 所示。

76）新建"竹叶层 1"，位于"枝干层"之下。设置前景色的 R 为 83、G 为 110、B 为 35，单击"路径"控制面板中的 ⬤ 按钮，填充竹叶路径，结果如图 5-160 所示。

图 5-159　绘制底层竹叶路径

图 5-160　填充竹叶路径

77）新建"竹叶路径 2"，绘制如图 5-161 所示的竹叶路径。

图 5-161　绘制竹叶路径

78）新建"竹叶层 2"，位于"枝干层"之上。在"路径"控制面板中单击 ◉ 按钮，填充路径。双击"竹叶层 2"，为该图层添加"投影"图层样式，结果如图 5-162 所示。

79）制作最上层竹叶。新建"竹叶路径 3"，绘制如图 5-163 所示的竹叶路径。

图 5-162　填充路径并添加"投影"图层样式

图 5-163　绘制竹叶路径

80）新建"竹叶层 3"，位于"竹叶层 2"之上。在"路径"控制面板中单击 ◉ 按钮，填充路径。双击"竹叶层 3"，为该图层添加"投影"图层样式，结果如图 5-164 所示。

图 5-164　填充路径并添加"投影"图层样式

81）此时的"图层"控制面板和"路径"控制面板如图 5-165 所示。

82）调整竹叶颜色，制作老一些的竹叶（颜色偏黄）。用魔棒工具分别选择"竹叶层 1""竹叶层 2"和"竹叶层 3"中的部分竹叶，执行"图像"→"调整"→"色彩平衡"命令，调整色彩平衡，使其颜色发黄，结果如图 5-166 所示。

图 5-165 "图层"控制面板和
"路径"控制面板

图 5-166 调整竹叶颜色

83）降低枝干的亮度。设置"枝干层"为当前图层，执行"图像"→"调整"→"亮度/对比度"命令，降低其亮度，结果如图 5-167 所示。

图 5-167 降低枝干的亮度

84）合并"竹叶层 1""竹叶层 2""竹叶层 3"和"枝干层"为"竹叶层"。

85）为"竹叶层"添加图层蒙版，用渐变工具编辑图层蒙版，如图 5-168 所示。

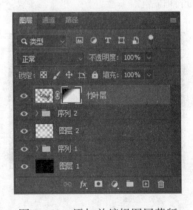

图 5-168 添加并编辑图层蒙版

86）为竹叶表面添加光照和投影效果。新建"图层 3"，按 D 键设置前景色和背景色分别为黑色和白色，然后执行"滤镜"→"渲染"→"云彩"命令，结果如图 5-169所示。

图 5-169　制作黑白云彩

87）执行"图像"→"调整"→"色阶"命令，在打开的对话框中单击"自动"按钮，调整图像色阶。然后执行"滤镜"→"模糊"→"高斯模糊"命令，模糊半径设置为 3 个像素，结果如图 5-170 所示。

88）制作不规则光度。执行"滤镜"→"滤镜库"命令，打开"滤镜库"对话框，选择"素描"中的"铬黄渐变"选项，设置参数如图 5-171a 所示，结果如图 5-171b 所示。

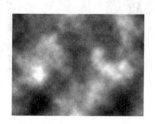

图 5-170　调整色阶并使用"高斯模糊"滤镜

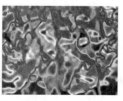

a)　　　　　　　　　b)

图 5-171　使用"铬黄"滤镜

89）在"图层"控制面板中更改"图层 3"的色彩混合模式为"叠加"模式，如图 5-172 所示。

90）按住 Ctrl 键单击"竹叶层"，载入

"竹叶层"选区，按 Shift+Ctrl+I 组合键反转选区，并按 Delete 键删除"图层 3"中竹叶选区以外的部分，然后取消选区，结果如图 5-173 所示。

图 5-172　更改"图层 3"的色彩
混合模式为"叠加"

图 5-173　删除"图层 3"中竹叶选区以外的部分

91）"竹子层 2"对应的竹子颜色和整幅图像不太协调，需调整其色相。设置"竹子层 2"为当前图层，执行"图像"→"调整"→"色相/饱和度"命令，稍微调整色相，结果如图 5-174 所示。

图 5-174　调整"竹子层 2"的色相

92）下面制作竹叶在竹子上的投影。首先载入"竹叶层"选区，如图 5-175 所示。

93）新建"图层 4"，以黑色填充选区，然后用移动工具将该图层图像向左下方移动一段距离，结果如图 5-176 所示。

图 5-175　载入"竹叶层"选区

图 5-176　填充并移动黑色阴影

94）执行"滤镜"→"模糊"→"高斯模糊"命令，模糊半径设置为 4.5 个像素，结果如图 5-177 所示。

图 5-177　使用"高斯模糊"滤镜

95）载入"竹子层 1""竹子层 3"和"竹子层 4"的选区，如图 5-178 所示。由于

应用过图层蒙版，所以上面似乎被截去了一部分，其实得到的选区也是带有透明度的。

图 5-178　载入选区

96）按 Shift+Ctrl+I 组合键反转选区，按 Delete 键删除"图层 4"中对应的内容，然后取消选区。制作完成的竹子如图 5-179 所示。

图 5-179　制作完成的竹子

5.2.4　鼠标绘美女——路径、图层、通道与图像编辑工具的综合应用

本实例将尝试用 Photoshop 绘制一幅美女图（见图 5-180）。要完成这幅作品，需要综合运用前面几个章节介绍的知识。

图层非常重要，该作品的制作需要在不同图层中绘制各个部分，然后把它们组合起来；路径是这个实例中制作选区的主要手段，钢笔、转换点等工具的使用可以使得选区的调整很方便；通道可用于制作及存储选区；皮肤的明暗变化则全部用加深工具、减淡工具和涂抹工具来实现。相信通过这个实例，读者会对加深、减淡等工具有更深刻的认识，同时对图层、通道和路径的操作更加熟练。

图 5-180　美女

下面介绍这幅作品的制作方法（本实例重点介绍方法，对个别步骤的图示做了省略处理）。

1）新建一个 RGB 图像文件，用钢笔工具绘制出头发、皮肤和衣服的路径，新建"头发""皮肤"和"衣服"三个图层，然后分别将头发、皮肤和衣服的路径转换为选区并在相应图层上填充颜色，结果如图 5-181 所示。

图 5-181　绘制轮廓

2）先来画出脸部的阴影。选择工具箱中的加深工具，在脸部涂出较暗的部分（假设光是从美女的右前方照射过来的）。注意加深工具的"曝光度"不宜过高，控制在 10% 以

下，画笔的硬度也尽量小些。画出的脸部阴影如图 5-182 所示。

图 5-182　用加深工具画出脸部阴影

3）用减淡工具画出脸部的高光。同样，减淡工具的"曝光度"不宜过高，控制在 10% 以下，画笔的硬度也尽量小些。绘制高光后的脸部如图 5-183 所示。

图 5-183　用减淡工具绘制高光后的脸部

4）画嘴唇。用钢笔、转换点和路径选择等工具绘制出嘴唇路径，如图 5-184 所示。

图 5-184　绘制嘴唇路径

5）将嘴唇路径转换为选区，新建"嘴唇"图层，并填充浅红色，如图 5-185 所示。

图 5-185　填充嘴唇颜色

6）同样用加深、减淡工具画出嘴唇的高光和阴影，效果如图 5-186 所示。

图 5-186　画出嘴唇的高光和阴影

7）切换到"皮肤"图层，在靠近嘴唇边缘的部分用加深工具涂出过渡的阴影，并进一步画出鼻子的形状，如图 5-187 所示。

图 5-187　涂出嘴唇边的阴影和鼻子

8）绘制眼睛。眼睛的制作复杂一些，首先制作出眼睛的路径，新建"眼圈"图层，用黑色画笔描边（宽度为 1 个像素），再将路径转换为选区，新建"眼白"图层，填充接近于白色的浅色（因为之后要在其上用加深工具，在纯白色上使用加深工具是没有效果的），"眼白"图层位于"眼圈"图层之下，效果如图 5-188 所示。这里最好为每个眼睛建立一个图层组，因为每个眼睛都会有好几个图层，这样便于管理。

图 5-188　画出眼圈和眼白

9）画眼珠。用椭圆选框工具制作一个圆形选区，新建"眼珠"图层，填充深灰色，如图 5-189 所示。

图 5-189　画眼珠

10）画瞳孔。眼珠中间应该是黑色的瞳孔，因此再制作一个表示瞳孔的圆形的选区并填充黑色，如图 5-190 所示。

图 5-190　画瞳孔

11）此时的眼睛没有神采，还需要添加点反光。先制作选区（不管用路径工具还是用选择工具或者通道，只要能制作出若干个反光的选区即可），新建"反光"图层，填充白色，并应用"高斯模糊"滤镜使其稍微模糊，结果如图 5-191 所示。

图 5-191　制作反光

12）利用"眼圈"图层制作选区，删除眼珠位于眼圈外的部分。切换到"眼白"图层，用加深工具涂抹上部边缘，制作出上眼皮的阴影，效果如图 5-192 所示。

图 5-192　制作上眼皮阴影

13）制作双眼皮。首先用钢笔工具制作双眼皮的路径，然后选中工具箱中的画笔工具，在"画笔"调板中设置"其他动态"的"控制"方式为"渐隐"，长度设置为 60（这个根据图像大小而定，如此设置后用画笔描边路径将产生渐隐效果）。"画笔"调板设置和描边路径之后的效果分别如图 5-193 和图 5-194 所示。

图 5-193　"画笔"调板设置

图 5-194　描边路径之后的效果

14）制作眼睫毛。眼睫毛可以有多种制作方法，如先制作路径再用画笔描边，直接用画笔描绘等。这里采用直接用画笔描绘的方法。与制作双眼皮一样，设置画笔的"控制"方式为"渐隐"，长度设置为10，在工具属性栏上适当降低画笔的不透明度和流量，这里均设为50%。画好眼睫毛后将"眼圈"图层的不透明度设置为50%，效果如图 5-195 所示。

图 5-195　绘制眼睫毛

15）切换到"皮肤"图层，用加深工具绘出眼睛周围颜色较深的部分，完成一只眼睛的制作，结果如图 5-196 所示。

图 5-196　制作完成一只眼睛

16）按照同样的方法制作另一只眼睛。制作完成两只眼睛后的效果如图 5-197 所示。

图 5-197　制作完成两只眼睛

17）现在来画眉毛。首先制作出眉毛路径，将其转换为选区，并羽化2个像素，如图 5-198 所示。

图 5-198　制作眉毛选区

18）新建"眉毛"图层，填充棕色，然后对其应用"高斯模糊"滤镜和"动感模糊"滤镜，完成一个眉毛的制作，结果如图 5-199 所示。

19）用同样方法画出另一个眉毛。制作完成两个眉毛后的效果如图 5-200 所示。

图 5-199 制作完成 一个眉毛

图 5-200 制作完成 两个眉毛

20）脸部的各个部分已基本制作完成，进一步用加深和减淡工具改善脸部的阴影和高光，效果如图 5-201 所示。

图 5-201 改善脸部阴影和高光

21）用加深、减淡和涂抹工具制作皮肤颈部、胸部和肩部的阴影和高光，并细化细节，制作过程分别如图 5-202 ～ 图 5-205 所示。

图 5-202 绘制 颈部（一）

图 5-203 绘制 颈部（二）

图 5-204 绘制胸部和肩部

图 5-205 细化细节

22）制作衣服。切换到"衣服"图层，用加深、减淡工具画出阴影和高光，然后应用"添加杂色"滤镜，并用制作路径描边生成肩部的吊带，如图 5-206 所示。

图 5-206 制作衣服

23）制作吊带阴影。首先制作吊带阴影的路径，然后新建"吊带阴影"图层，用黑色描边路径，应用"高斯模糊"滤镜使其变模糊（模糊半径不宜过大），再调整"吊带阴影"图层的不透明度为40%，效果如图 5-207 所示。

图 5-207　制作吊带阴影

24）制作衣服阴影。复制"衣服"图层并将新图层更名为"衣服阴影"图层，将其置于"衣服"图层之下。应用"高斯模糊"滤镜使其变模糊（模糊半径不宜过大），选中工具箱中的移动工具，按方向键向右和向下各一次，让阴影略微显现，效果如图 5-208 所示。

图 5-208　制作衣服阴影

25）头发与皮肤分界处显得很生硬，需要经过处理使其看起来更自然。切换到"头发"图层，载入该层选区，以快速蒙版模

式编辑，选择画笔，设置较低的硬度（一般为0%），前景色设置为黑色，在选区需要自然过渡的边缘涂抹，稍微增加选区范围，制作羽化效果，然后切换回标准编辑模式，以黑色填充选区，结果如图 5-209 所示。

图 5-209　处理头发与皮肤的分界处

26）头发的基本制作方法是使用路径。首先来制作额头上方头发的根部。用钢笔工具画出如图 5-210 所示的路径（可画一条再复制其他）。

图 5-210　绘制头发路径

27）新建图层，以黑色描边路径，如图 5-211 所示。

28）为该图层创建图层蒙版，用渐变工

具编辑图层蒙板，隐去头发在皮肤中不应显示的部分，再用画笔工具仿照画眼睫毛的方法处理头发根部，效果如图 5-212 所示。

图 5-211　描边头发路径　图 5-212　处理头发根部

29）用同样方法制作美女右侧头发路径，如图 5-213 所示。

30）新建图层，描边头发路径，效果如图 5-214 所示。

图 5-213　制作头发路径　图 5-214　描边头发路径

31）美女左侧部分头发可以按照同样的方法制作。右胸前的头发需要特殊处理，为了做出头发稍微凌乱的效果，绘制的路径需要做些变化，如图 5-215 所示。

32）描边头发路径，并在锁骨处再做一缕头发，然后制作头发在皮肤上的阴影（可参照步骤 24）衣服阴影的制作方法），效果如图 5-216 所示。

图 5-215　绘制头发路径　图 5-216　制作头发阴影

33）头发已基本制作完成，隐去最早的头发图层，可以看到用路径绘制的所有头发，如图 5-217 所示。

图 5-217　用路径绘制的所有头发

34）载入美女右侧上方头发的选区，新建图层，填充白色，并利用图层蒙板隐去两端部分，制作头发的高光，如图 5-218 所示。

35）用路径工具和加深、减淡等工具制作出美女的一个耳朵，如图 5-219 所示。

图 5-218　制作头发高光　图 5-219　制作耳朵

36）适当调整头发反光图层的不透明度，并进一步调整皮肤、眼睛和嘴唇的细节。制作完成的美女图如图 5-220 所示。

图 5-220　制作完成的美女图

5.3　动手练练

1. 用路径工具绘制如图 5-221 所示的枫叶。

图 5-221　绘制枫叶

步骤如下：

1）用钢笔工具绘制一个六角星形封闭路径。

2）使用添加锚点工具添加适当的锚点，并用转换点工具和直接选择工具调整路径形状。

3）将路径转换为选区，填充血红色。

2. 使用形状工具和路径工具绘制如图 5-222 所示的五线谱。

图 5-222　绘制五线谱

步骤如下：

1）导入背景图片，并设置透明度。

2）使用钢笔工具绘制封闭路径，将路径转换为选区，填充颜色。

3）用形状工具绘制音符。

第6章 动作——Photoshop 自动化

【本章主要内容】

在处理图像时，有时需要对某些图像进行相同的处理，其中处理的命令及其先后顺序甚至参数设置都完全一样。为了减少重复操作，Photoshop 提供了动作功能，利用它用户可以方便地完成许多相同的操作。本章主要介绍了动作的功能及其相关操作，并附有实例和练习题供读者熟悉和掌握动作的使用方法。

【本章学习重点】

- "动作"控制面板
- 录制动作
- 执行动作

6.1 动作概述

Photoshop 可以像录制磁带一样将需要反复使用的一系列图像编辑命令录制为一个动作，需要时播放该动作，就像播放磁带一样简单，即可自动完成相应的操作步骤。

6.1.1 动作的特点

动作就是可以反复使用的一组命令的组合。Photoshop 是通过文件的形式来管理动作的，一个动作文件可以包括若干个动作，而一个动作又可以有若干个图像处理命令。这就是动作文件、动作和命令之间的关系。动作文件的扩展名为".atn"。下面介绍动作的特点及其用途。

可以录制命令序列，以供反复使用，使操作自动化，并可将动作保存，以便在处理其他图像文件时运用。

录制好的动作就如磁带一样可以进行后期编辑，如清除、复位、置换、载入和保存等，因此可以随心所欲地设置个性化的操作。

使用画笔、喷枪等绘图工具进行的绘图操作不能录制下来，因此处理过程中需要这些操作时，应在动作中设置暂停，等绘图完成后再继续执行下面的命令。

可以对文件进行批处理，这是对实现自动化非常有用的一项功能。例如，要对一批文件进行模糊处理，通常的步骤是打开文件、模糊操作、保存和关闭文件，但每个文件都这样处理将非常耗时，如果使用批处理，则只需使用一次命令就可将全部图像自动按要求处理完毕，非常简单。

6.1.2 "动作"控制面板介绍

执行"窗口"→"动作"命令，可显示

"动作"控制面板，如图 6-1 所示。

图 6-1 "动作"控制面板

1. 列表区

在列表区中以树形结构显示了动作文件、动作和动作命令及其参数。名称左侧有图图标的表示这是一个动作文件（如图 6-1 中的"默认动作"），其中可能包含有若干个动作。动作文件的下一级为动作（如图 6-1 中的"淡出效果"），一个动作是一系列动作命令的集合，其下一级即为动作命令（如图 6-1 中的"建立：快照"和"转换模式"等）。

单击"展开/折叠"按钮》，可展开或关闭动作文件和动作，就如在资源管理器中分层打开、折叠文件夹中的文件一样简单。与"图层"控制面板一样，列表区中以高亮蓝底显示的条目处于活动状态。

2. 项目开关标志✅

项目开关可以用来启用或禁止某一个动作文件、某一个动作或某一条命令。单击项目开关标志✅可关掉其对应的选项，再单击则打开该选项。项目开关遵循自上而下原则，即动作文件的开关可以控制其文件中所有动作的开关，动作的开关可以控制其所录制的所有命令的开关。例如，单击"投影（文字）"动作前的✅标志可将其去掉，其下"建

立：快照"和"转换模式"等命令前的✅标志都将自动消失，即所有的动作命令都被关闭，如图 6-2 所示。

图 6-2 关闭"投影（文字）"动作

3. 对话框开关标志▣

对话框开关标志▣出现时表示在执行命令的过程中会弹出对话框供用户设置参数，如果某条命令的该项为空白，表示此条命令将按录制时设置的参数自动执行。例如，图 6-3 中的"填充"命令前显示了对话框标志▣，则在动作执行到该命令时会自动打开如图 6-4 所示的"填充"对话框供用户设置填充参数，否则，系统会以默认参数执行该命令，即以白色、不透明度为 100%、色彩混合模式为"正常"填充选区。

如果动作文件名称前的对话框开关标志为红色，则表示该文件中的部分动作包含了暂停操作；如果动作名称前的该标志为红色，则表示该动作中的部分命令包含了暂停操作；

如果动作命令前的该标志为红色，则表示动作执行到该命令时将暂停。

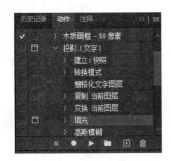

图 6-3　显示"填充"命令对话框标志

图 6-4　"填充"对话框

与项目开关标志一样，单击动作文件前的对话框开关标志，可打开/关闭该动作文件中的全部动作及动作所包含的对话框开关标志；单击动作前的对话框开关标志，可打开/关闭该动作中所包含的全部命令的对话框开关标志。

4. 动作快捷菜单

单击"动作"控制面板右上角的██按钮，可打开如图 6-5 所示的动作快捷菜单。

通过执行快捷菜单中的命令，可进行新建、复制、删除和播放动作等操作。

5. 按钮组 ██ ● ▶ ██ ⊞ 🗑

（1）██按钮　"停止录制"按钮。只有当前正在录制动作时，该按钮才处于可用状态。单击它可以停止当前的录制操作。

图 6-5　动作快捷菜单

（2）●按钮　"录制动作"按钮。单击该按钮，系统处于录制状态，此时该按钮呈红色。

（3）▶按钮　"播放动作"按钮。单击该按钮可执行当前选定的动作，或执行当前动作中从选定命令开始的后续命令。

（4）██按钮　"新建动作文件"按钮。单击该按钮可创建新的动作文件。

（5）⊞按钮　"新建动作"按钮。单击该按钮可创建新的动作。

（6）🗑按钮　"删除动作"按钮。单击该按钮可删除当前选定的动作文件、动作或动作中的命令。

6.1.3　动作的关键操作

1. 录制动作

在录制动作之前，应先新建一个动作文件，以便与 Photoshop 自带的动作文件区分。可以单击"动作"控制面板中的██按钮，或执行动作快捷菜单中的"新建组"命令，打开如图 6-6 所示的"新建组"对话框，在对话框中输入新建动作组的名称，单击"确定"按钮，新建"组 1"，如图 6-7 所示。

图 6-6　"新建组"对话框

图 6-7　新建"组 1"

单击"动作"控制面板中的"新建动作"按钮 ，或执行动作快捷菜单中的"新建动作"命令，新建一个动作。此时系统会弹出如图 6-8 所示的"新建动作"对话框。在该对话框中可设置新动作的名称、所属的组（即动作文件）、功能键和颜色的属性。

图 6-8　"新建动作"对话框

在"组"下拉列表中列出了当前"动作"控制面板列表区中所有的动作文件，供用户在新建动作时选择；在"功能键"下拉列表中可选择 F2 ~ F12 中的任意一个键值，当做

出选择后，其后的"Shift"与"Control"复选框将变为有效，此时可通过选中复选框来设置完整的功能键；"颜色"下拉列表中的选项可用于为新建动作定义颜色，定义的颜色要在按钮模式的"动作"控制面板中才能显示出来。

提示

在定义功能键时，可以直接在键盘上按下想要使用的组合键来完成定义。如想要使用 Shift+Ctrl+F9 功能键，只需在键盘上按下该组合键，就会在"新建动作"对话框中的"功能键"后出现相应的选择结果。

"新建动作"对话框设置完毕后，单击"记录"按钮，即可完成新动作的建立，并同时开始新动作的录制。此时"动作"控制面板中的"录制动作"按钮被自动按下，并变为红色，表示当前正在进行动作录制，如图 6-9 所示。接下来对图像的一切操作都将被录制到该动作当中。

图 6-9　新建动作并进行录制

下面来看一个简单的录制动作实例。

假设要对一幅图像进行填充操作，由于这个操作在图像处理过程中要反复使用，因此可将其录制下来，以便以后使用。方法

如下：

1）单击"动作"控制面板中的"新建动作"按钮 ⊞，打开"新建动作"对话框，在"名称"文本框中输入"填充"，在"组"下拉列表中选择"组 1"（在上述建立"组 1"和"动作 1"的基础上），单击"记录"按钮，开始动作的录制，如图 6-10 所示。

图 6-10　新建填充动作并开始录制

2）执行"编辑"→"填充"命令，打开"填充"对话框，选择方格填充图案，对话框设置如图 6-11 所示。

图 6-11　设置"填充"对话框

3）填充操作完成后，单击"动作"控制面板中的"停止录制"按钮 ■ 停止录制，在"动作"控制面板的列表区中展开"填充"命令，如图 6-12 所示。

图 6-12　展开"填充"命令

"动作"控制面板的列表区中显示了"填充"命令的各种参数，若以后要用到此"填充"命令，只需在选中"填充动作"的情况下单击"播放动作"按钮 ▶，系统即可按录制动作时设置的填充参数进行填充操作。若在某一步操作中想要改变填充参数，如想改变填充图案，可单击显示填充命令前方的对话框标志 ▢，则在单击 ▶ 按钮播放该动作时，系统会自动打开"填充"对话框，供用户进行相关设置。

2. 修改动作

在一个动作录制完成后，如果对动作不满意，还可对其进行修改，如重新录制、增加命令、删除命令等。接下来介绍修改动作的相关操作。

（1）重新录制动作　如果希望重新录制动作，首先选中该动作，然后执行动作快捷菜单中的"再次记录"命令，即可对动作进行重新录制。在重新录制时，仍以原动作的命令为基础，但会打开相应的对话框，让用户重新设置命令参数。

（2）在动作中增加命令　在动作中增加命令可分为两种情况：一种是在动作中现有命令的基础上增加命令，另一种是在动作中指定命令之后插入命令。

如果希望在动作现有命令的基础上增加命令，可首先在"动作"控制面板中选中要增加命令的动作，然后单击"录制动作"按钮，如图 6-13 所示；如果希望在动作中指定命令之后插入命令，可首先在"动作"控制面板中选中指定的命令，然后单击"录制动作"按钮，此时新录制的命令将被放置在该命令之后，如图 6-14 所示。

图 6-13　在现有命令的基础上增加命令

图 6-14　在指定命令之后插入命令

另外，执行动作快捷菜单中的"插入菜单项目"命令可在动作的指定命令之后插入一个菜单命令。首先选中动作中指定的命令，执行"插入菜单项目"命令，打开如图 6-15 所示的"插入菜单项目"对话框（对话框中没有可设置的项目），然后在 Photoshop 主菜单中选择想要插入的菜单命令，如选择"编辑"→"描边"命令，此时"插入菜单项目"对话框如图 6-16 所示，单击"确定"按钮即可把该"描边"命令插入到指定动作命令之后。

图 6-15　"插入菜单项目"对话框

图 6-16　选择"编辑"→"描边"命令后的
"插入菜单项目"对话框

用画笔、喷枪等绘图工具绘制图形的操作不能录制，而在图像的处理过程中又需要这样的操作时，就必须在动作命令的适当位置插入"停止"命令，以便在执行动作时停留在这一操作上，进行手工操作（如使用画笔工具绘图等），然后再继续执行动作中的其余命令。

提示
使用"插入菜单项目"命令每次只能插入一条菜单命令，且无法设置参数。

（3）在动作中插入"停止"命令　要在动作中插入"停止"命令，首先应在"动作"控制面板中选中要停止处的前一条命令，然后执行动作快捷菜单中的"插入停止"命令，即可在选中命令之后插入"停止"命令，如图 6-17 所示。

图 6-17　在指定命令之后插入"停止"命令

执行"插入停止"命令时，系统将打开如图 6-18 所示的"记录停止"对话框，用户可在"信息"文本框中输入文本，作为以后执行"停止"命令时在"信息"对话框所显示的提示信息。如果选中对话框中的"允许继续"复选框，则在以后执行"停止"命令时在"信息"对话框中将显示"继续"按钮，单击该按钮可继续执行"停止"命令后面的命令。

图 6-18　"记录停止"对话框

在执行有"停止"命令的动作的过程中，当执行到"停止"命令时，系统允许用户停止当前动作的自动执行，并手工完成一定的操作，待手工处理完成后，用户只需单击"动作"控制面板中的"播放动作"按钮▶，就可继续执行动作中其余的命令。

（4）插入路径　由于录制动作时不能录制绘制路径的操作，因此 Photoshop 提供了一个专门在动作中增加"设置工作路径"的命令。操作方法如下：

1）在"路径"控制面板中选中要插入的路径。

2）在"动作"控制面板中指定要插入路径命令的位置。

3）执行动作快捷菜单中的"插入路径"命令，即可在指定位置之后插入一个"设置工作路径"命令，如图 6-19 所示。

图 6-19　插入"设置工作路径"命令

提示
如果图像中不存在路径，则"插入路径"命令不可用。

（5）复制、删除与移动动作或动作中的命令　要复制动作或动作中的命令，可首先选中该动作或动作命令，然后执行动作快捷菜单中的"复制"命令，或者直接将其拖至"新建动作"按钮➕上。

要删除动作或动作中的命令，可首先选中该动作或动作命令，然后执行动作快捷菜单中的"删除"命令，在打开的提示对话框中单击"确定"按钮。或者将要删除的动作或动作命令直接拖至"删除动作"按钮🗑上，也可将其删除。

要移动动作或动作中的命令，只需在"动作"控制面板中将其拖动到目标位置即可。

（6）禁止执行动作中的命令　如果希望在执行动作时不执行某些动作命令，可单击关掉相应命令前的项目开关标志✅。

3. 播放动作

要让系统自动执行先前录制好的动作，首先在"动作"控制面板中选中该动作，然后单击"播放动作"按钮▶，或者执行动作快捷菜单中的"播放"命令，即可将动作中录制好的一系列操作应用到当前图像上。

如果希望从动作中的某条命令开始执行，可首先选中该命令，然后单击"播放动作"按钮▶。

动作有多种播放方式，执行动作快捷菜单中的"回放选项"命令，将打开如图6-20所示的"回放选项"对话框。

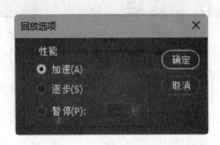

图 6-20　"回放选项"对话框

对话框中的选项说明如下：

（1）"加速"单选按钮　这是 Photoshop 默认的动作播放方式，在这种方式下，系统将按照录制的动作命令序列快速执行，只有遇到"停止"命令或者操作出错时才会停止。

（2）"逐步"单选按钮　选择此方式，系统将一步一步地执行动作中的每一条命令，此时在"动作"控制面板中以高亮蓝底显示当前所执行的命令。选择这种方式的好处在于，可以发现操作过程中出现的错误并进行纠正，如由于未制作选区而导致动作中的"羽化"命令无法执行等。

（3）"暂停"单选按钮　选择此方式，允许在执行每个命令时暂停，暂停的时间由文本框中的数值决定，变化范围为 1～60s。

此外，用户还可以同时播放动作文件中的多个动作，首先选中要播放的多个动作（若按下 Shift 键单击"动作"控制面板中的动作名称，可在同一个文件中选中多个连续的动作，如图6-21所示；若按下 Ctrl 键单击动作名称，则可在同一个文件中选中多个不连续的动作，如图6-22所示），然后单击"播放动作"按钮▶，系统便会按照选中的动作的排列次序依次执行各个动作。

图 6-21　按下 Shift 键选择多个动作

图 6-22　按下 Ctrl 键选择多个动作

若在"动作"控制面板中选中一个动作文件，那么在单击"播放动作"按钮▶后，系统将执行该文件中的所有动作。

4.存储、载入和替换动作

录制一个动作之后，该动作会暂时保留在 Photoshop 中，即使重新启动 Photoshop 也仍然会存在。但是，如果重新安装了 Photoshop，则录制的动作就会被删除。因此，为了能够在重新安装 Photoshop 后能使用先前录制好的动作，需要将其保存起来。可在选中要保存的动作文件之后，执行动作快捷菜单中的"存储动作"命令来保存动作。

如果要载入存储的动作文件（如"绘制画框"），可执行动作快捷菜单中的"载入动作"命令，在打开的对话框中选择相应的动作文件即可，此时载入的动作文件被列在原有动作文件之后，如图 6-23 所示。

图 6-23　载入"绘制画框"动作文件

如果执行动作快捷菜单中的"替换动作"命令，则在打开的对话框中选择的动作文件（如"绘制画框"）将替换掉原"动作"控制面板中的所有动作文件，如图 6-24 所示。

图 6-24　用"绘制画框"动作文件替换
原有动作文件

如果在对动作进行了修改，或载入、替换了动作之后想使"动作"控制面板中的动作恢复到初始状态（即只有一个默认动作文件），可执行动作快捷菜单中的"复位动作"命令。

5. 其他动作

（1）以按钮模式显示动作　在动作快捷菜单中选择"按钮模式"命令，则"动作"控制面板中的各个动作将以按钮模式显示，如图 6-25 所示。此时不显示动作文件，而只显示动作文件中的动作名称，以及每个动作的颜色设置。

在按钮模式下，要执行某个动作，只需单击该动作对应的按钮即可。但此时用户不能进行任何录制、删除、修改动作的操作。

图 6-25　以"按钮模式"显示动作

再次选择动作快捷菜单中的"按钮模式"命令，可切换到普通模式。

（2）系统内置动作　在动作快捷菜单中列出了 Photoshop 提供的多种内置动作文件，要使用某动作文件中的动作，应首先在动作快捷菜单中选择该动作文件，将其载入到"动作"控制面板中，然后再执行其中的动作。

利用 Photoshop 提供的内置动作文件可以轻松地制作多种效果。其实，这些动作集成了 Photoshop 处理图像的许多技巧，是学习

Photoshop 很好的素材。初学 Photoshop 的读者可将动作的播放模式设置为暂停模式，并设定适当的暂停时间，然后播放 Photoshop 内置动作，逐步学习各种动作的操作过程，还可修改动作的执行方式，如设置对话框标志，系统会在需要用对话框设定参数的步骤自动打开对话框，供用户调整参数，这样对动作命令的作用会理解得更加深刻。

图 6-26 所示为使用部分系统内置动作处理图像的效果。

a) 利用"图像效果"动作文件中的动作处理图像

b) 利用"画框"动作文件中的动作处理图像

图 6-26　使用系统内置动作处理图像

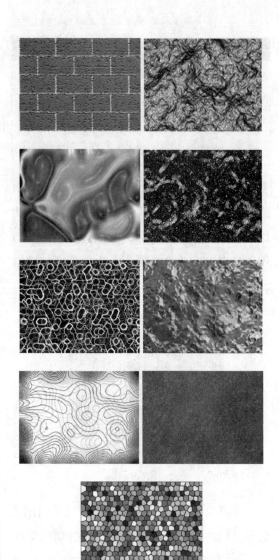

c) 利用"纹理"动作文件中的动作制作纹理

图 6-26　使用系统内置动作处理图像（续）

6."自动"菜单命令

"文件"→"自动"子菜单中包含了多个图像处理自动化命令，利用它们可以简化编辑图像的操作，提高工作效率。下面介绍部分自动化命令。

（1）"批处理"命令　使用"批处理"命令可以同时对多个图像执行同一个操作，从而实现自动化。执行"文件"→"自动"→"批处理"命令，系统将打开如图 6-27 所示的"批处理"对话框。

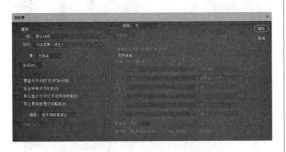

图 6-27　"批处理"对话框

"批处理"对话框中的各选项说明如下：

1）"播放"选项组：用于选择希望执行的动作。

2）"源"选项组：用于设置要处理的图像文件的来源，如文件夹、输入（扫描输入）、打开的文件或文件浏览器等。若如图 6-27 所示在下拉列表中选择"文件夹"，此时可单击"选择"按钮选择图像文件具体所在的文件夹，并可通过选中下方的复选框设置相关方式。

3）"目标"选项组：用于设置目标文件的管理方法。"目标"下拉列表中有三个选项：选择"无"，表示不保存文件并保持文件打开；选择"存储并关闭"，表示保存并关闭文件；选择"文件夹"，则可以单击下面的"选择"按钮，选择一个用来保存文件的目标文件夹。选中"覆盖动作'存储为'命令"复选框，表示将按照设定的路径保存文件，而忽略动作中的保存文件操作。此时还可在"文件命名"选项组中设置目标文件的命名方法。

4）"错误"选项组：用于设置错误处理方法。"错误"下拉列表中有两个选项：选择"由于错误而停止"，表示出现错误时出现提示信息，并终止执行动作；若选择"将错误记录到文件"，则表示只是将出现的错误信息记录到文件中，但不会终止程序执行，选择此选项时必须单击下面的"存储为"按钮，指定保存错误信息文件的名称和位置。

"批处理"命令在需要对大量图像进行同一操作时非常有用。例如，要将大量位图模式的图像文件转换为 RGB 模式的图像文件，若要一个图像一个图像地转换则非常繁琐，即使将转换过程录制为一个动作，也要做许多重复的工作（反复按"播放动作"按钮▶），此时如果使用"批处理"命令，只需录制好转换过程的动作，并在"批处理"对话框中选择播放该动作，并设置好需要转换图像所在的文件夹及图像转换完成后的目标文件管理方式，单击"确定"按钮，Photoshop 就可自动完成所有图像的模式转换。

提示
利用"批处理"命令进行批处理操作时，若要终止操作可以按下 Esc 键。

（2）"条件模式更改"命令　在上述用"批处理"命令将位图模式的图像文件转换为 RGB 模式的图像文件的例子中，若源图像所在的文件夹中还包含其他色彩模式的图像文件，则在执行"批处理"命令时可能会出现错误信息而中断命令的执行。为了避免这种错误的产生，可使用"条件模式更改"命令。

执行"文件"→"自动"→"条件模式更改"命令，系统将打开如图 6-28 所示的"条件模式更改"对话框。

图 6-28　"条件模式更改"对话框

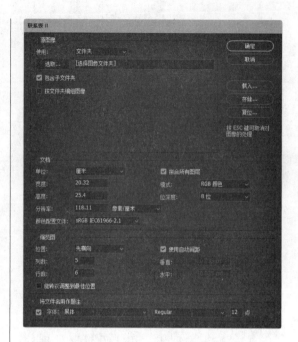

图 6-29　"联系表Ⅱ"对话框

在"源模式"选项组中可设置源图像的色彩模式，也就是说，只有与此处设置的色彩模式相同的图像才会被转换，色彩模式不同的图像则被忽略。单击"全部"按钮可全选所有模式，单击"无"按钮可取消所有选择。

在"目标模式"下拉列表中可设置转换后的图像模式，如选中 CMYK，则转换后的图像模式就为 CMYK。

提示
如果在录制动作时要录制转换色彩模式的操作，最好使用"条件模式更改"命令，这样可省去很多不必要的麻烦。

（3）"联系表Ⅱ"命令　"联系表Ⅱ命令可用来将同一个文件夹中的图像提取出来，缩成小图后排放在一个图像中。

执行"文件"→"自动"→"联系表Ⅱ"命令，系统将打开如图 6-29 所示的"联系表Ⅱ"对话框。该对话框中的各选项说明如下：

1）"源图像"选项组：用于指定源文件夹。单击"选取"按钮，选择源文件夹的路径，设定的路径会出现在"选取"按钮右侧。选中"包含子文件夹"复选框，表示制作缩略图时将包括当前文件夹中的所有子文件夹。

2）"文档"选项组：用于设置保存缩略图文件的宽度、高度、分辨率和色彩模式。若选中"拼合所有图层"复选框，则新建的包含缩略图的文件最终将只有两个图层，即白色的背景层和所有缩略图合成的图层，否则，新建文件将拥有多个图层，每个缩略图及其名称各占有一个图层和一个文字图层。

3）"缩览图"选项组：用于设置缩略图的排列方式及数目。若在"位置"下拉列表中选择"先横向"，则缩略图将先从左到右，再从上到下排列；若选择"先纵向"，则缩略图将先从上到下，再从左到右排列。在"行数"和"列数"文本框中输入数值，可设置该文件中所能存放的缩略图的数目。例如，设定"行数"为 4、"列数"为 5，即表示在新文件中只能放置 4×5=20 个缩略图。

4）"将文件名用作题注"选项组：选中其中的复选框，表示将为缩略图增加文件名提示。此时还可设置提示文件的字体和尺寸。

在对话框中设置完毕后，单击"确定"按钮，Photoshop 会自动地从指定的文件夹中读出图像文件，缩小后整齐地排放到新文件中，如图 6-30 所示。

图 6-30 将图像缩小后排放

6.2 金属管道的制作

用户可以把在制作一幅作品时需要反复进行的操作录制为动作，以减少不必要的重复劳动；或者把经常用到的效果的制作过程录制为动作并保存起来，以备将来使用。

下面来看一个应用动作的例子。

图 6-31 所示的金属管道的每一节并不需要都用手工制作完成，只需制作其中的一节，

然后将复制该节的操作录制为动作，即可通过"动作"控制面板完成金属管道的制作。

图 6-31 金属管道

1）新建图像，设置背景为白色，如图 6-32 所示。

图 6-32 新建图像

2）选择工具箱中的矩形选框工具，制作如图 6-33 所示的矩形选区。

图 6-33 制作矩形选区

3）执行"选择"→"修改"→"平滑"命令，平滑选区，如图 6-34 所示。

图 6-34 平滑选区

4）选择工具箱中的渐变工具，设置白色到黑色渐变，并选择"对称"渐变模式，

然后新建"图层 1",从选区中间向右(或向左)拖动鼠标指针,创建渐变,效果如图 6-35 所示。

图 6-35　创建渐变

5)在工具属性栏上调整渐变的不透明度为 50%,然后从选区的中间向上(或向下)拖动鼠标指针,填充渐变,结果如图 6-36 所示。

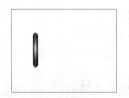

图 6-36　填充渐变

6)取消选区,执行"滤镜"→"杂色"→"添加杂色"命令,设置"数量"为10%,添加杂色,结果如图 6-37 所示。

图 6-37　添加杂色

7)单击"动作"控制面板中的▢按钮,新建"组 1",接着单击⊞按钮,在"组 1"中新建"动作 1"。然后单击"录制动作"按钮●,开始录制动作,如图 6-38 所示。

8)选择移动工具,按住 Alt 键在图像中拖动鼠标指针,然后松开 Alt 键,将复制生成的图像移至"图层 1"图像的右侧,如图 6-39 所示。

图 6-38　新建组 1 和动作 1 并开始录制动作

图 6-39　复制并移动图像

9)需要录制的动作完成后,单击"动作"控制面板中的"停止录制"按钮▢,停止录制。此时"动作"控制面板如图 6-40 所示。

图 6-40　停止录制后的"动作"控制面板

10)此时的"图层"控制面板如图 6-41 所示。

11)单击"动作"控制面板中的"播放动作"按钮▶若干次,重复执行刚才录制的动作,图像及"图层"控制面板如图 6-42 所示。

12)合并除背景以外的所有图层,执行"图像"→"调整"→"色相/饱和度"命令,在弹出的"色相/饱和度"对话框中设置参数如图 6-43a 所示。单击"确定"按钮,为金属管道着色,结果如图 6-43b 所示。

图 6-41 "图层"控制面板

图 6-42 重复执行"动作 1"后的图像和
"图层"控制面板

a)

b)

图 6-43 设置参数并着色

6.3 动手练练

1. 自制如图 6-44 所示的相框。

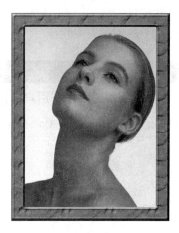

图 6-44 自制相框

如果经常要为扫描的照片或其他图像添加相框，可将制作相框的操作过程录制为动作，以后只需单击"动作"控制面板中的"播放动作"按钮▶，即可便捷地制作相框。

操作步骤如下：

1）新建动作"相框"，开始录制。

2）在"历史"控制面板中创建快照，以保存当前状态。

3）按 Ctrl+A 组合键全选图像，并执行"选择"→"存储选区"命令，将选区保存到 Alpha1 通道。

4）执行"图像"→"画布大小"命令，将画布的宽度和高度分别调整为原来的 120% 和 115%。

5）新建"图层 1"，载入 Alpha1 通道选区，按 Shift+Ctrl+I 组合键反转选区。

6）按 Shift+Backspace 组合键打开"填充"对话框，选择图案填充选区。

7）取消选区，双击"图层1"为其添加图层样式（图6-44所示为添加"斜面和浮雕"图层样式的效果），并选中"等高线"和"纹理"复选框。

8）停止录制。

提示
在实际应用的过程中，用户可根据不同图片的长宽比例和个人喜好调整步骤4）、

6）和7）的参数。为此，可在"动作"控制面板中相应命令的前方打开对话框标志，以便在执行动作的过程中打开对话框调整参数。

2. 利用"联系表Ⅱ"命令为自己的图片库创建缩略图文件。

第7章 滤镜——图像处理魔术师

【本章主要内容】

    Photoshop 的滤镜功能非常强大，利用滤镜可以为图像增加各种各样绚丽多彩的效果。Photoshop 除了可以使用自带的滤镜，还允许使用其他厂商提供的滤镜（称为外挂滤镜），典型的外挂滤镜有 KPT、Eye Candy 等。本章将对 Photoshop 自带的滤镜和部分外挂滤镜进行介绍，并通过几个实例说明滤镜在实际中的应用。

【本章学习重点】

• Photoshop 自带滤镜

• KPT、Eye Candy 外挂滤镜

• 滤镜的应用

7.1 滤镜介绍

打开"滤镜"菜单，如图 7-1 所示。

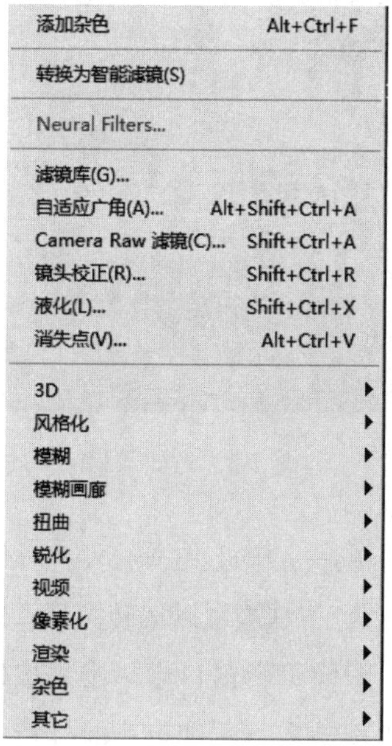

添加杂色	Alt+Ctrl+F
转换为智能滤镜(S)	
Neural Filters...	
滤镜库(G)...	
自适应广角(A)...	Alt+Shift+Ctrl+A
Camera Raw 滤镜(C)...	Shift+Ctrl+A
镜头校正(R)...	Shift+Ctrl+R
液化(L)...	Shift+Ctrl+X
消失点(V)...	Alt+Ctrl+V
3D	▶
风格化	▶
模糊	▶
模糊画廊	▶
扭曲	▶
锐化	▶
视频	▶
像素化	▶
渲染	▶
杂色	▶
其它	▶

图 7-1 "滤镜"菜单

从图中可看出，"滤镜"菜单分为五个部分：第一部分（即第一行）显示的是上次执行的滤镜操作命令，第二部分为"转换为智能滤镜"，第三部分为"Neural Filters"神经网络滤镜，第四部分为"滤镜库""液化"和"消失点"等命令，第五部分为 Photoshop 自带的各种滤镜组。

首先来看看滤镜的使用规则，只有熟悉了这些规则，才能正确地使用滤镜功能。

Photoshop 的滤镜命令只对当前选中的图层和通道起作用，如果图像中制作了选区，则只对选区内的图像进行处理，否则将对整个图像进行处理。

绝大多数的滤镜命令都不能应用于文字图层，要对文字执行滤镜命令，必须首先将文字图层栅格化为普通图层。

当执行完一个滤镜命令后，在"滤镜"

菜单的第一行会出现刚才使用过的滤镜命令，单击它或按 Ctrl+F 组合键可快速重复执行该命令。

在位图、索引色和 16 位的色彩模式下不能使用滤镜。此外，不同的色彩模式的使用范围也不同。例如，在 CMYK 和 Lab 模式下，部分滤镜不能使用，如"素描""纹理"和"艺术效果"等滤镜。

只对局部选区进行滤镜效果处理时，可以对选区设定羽化值，使处理的区域能自然地与原图像融合。

在任一滤镜的对话框中，按下 Alt 键，对话框中的"取消"按钮将变为"复位"按钮，单击该按钮可使滤镜设置恢复到刚打开对话框时的状态。

7.1.1 "滤镜库""液化"和"消失点"等命令

1."滤镜库"命令

执行"滤镜"→"滤镜库"命令，打开"滤镜库"对话框，如图 7-2 所示。

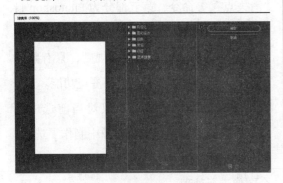

图 7-2 "滤镜库"对话框

对话框左侧为图像预览区域，中间为陈列的分类滤镜，右侧为选中滤镜的参数设置区域。

2."液化"命令

利用"液化"命令，可以制作逼真的液体流动的效果，如弯曲、湍流、漩涡、扩展、收缩、移位和反射等。但是该命令不能用于索引颜色、位图和多同道模式的图像。如果执行"液化"命令后，图像编辑窗口不显示图像，可以将颜色模式先改为 CMYK，完成"液化"命令后再改回 RGB 模式。

下面以若干实例来说明如何运用"液化"命令制作各种液体流动的效果。

（1）弯曲 打开一幅图像，执行"滤镜"→"液化"命令，打开"液化"对话框，在对话框中选择向前变形工具，然后在右侧的参数设置区设置适当的画笔大小和压力，在图像编辑窗口中单击并拖动鼠标，即可为图像制作弯曲的液体流动效果，如图 7-3 所示。

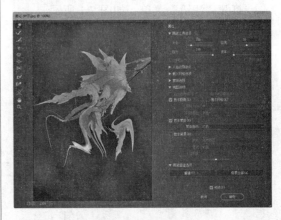

图 7-3 弯曲效果

（2）漩涡 用"液化"对话框中的顺时针旋转扭曲工具可以旋转图像。选中该工具后，在图像编辑窗口中单击并按住鼠标左键不放或拖动鼠标，即可顺时针旋转笔刷下面的像素；若按住 Alt 键的同时按住鼠标左键不放或拖动鼠标，可逆时针旋转笔刷下面的像素。由于靠近笔刷边缘的像素要比靠近笔刷中心的像素旋转速度慢，因而可以利用该工具制作漩涡效果，如图 7-4 所示。

图 7-4　漩涡效果

（3）收缩和扩展　选择"液化"对话框中的褶皱工具 和膨胀工具 ，在图像编辑窗口中单击并按住鼠标左键不放或拖动鼠标，即可收缩和扩展笔刷下面的像素，如图 7-5 所示。

图 7-5　收缩和扩展效果

利用收缩和扩展工具，可以很方便地改变人的长相和体形，制作一些特殊效果。

（4）移动像素　选择"液化"对话框中的左推工具 ，在图像编辑窗口中单击并拖动鼠标，系统将在垂直于鼠标指针移动方向的方向上移动像素，如图 7-6 所示。默认情

况下，向右移动鼠标指针，像素向上移；向上移动鼠标指针，像素向左移。若按住 Alt 键移动鼠标指针，像素移动的方向相反。

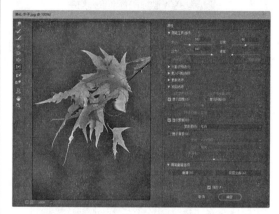

图 7-6　移动像素效果

提示
在"液化"对话框中，如果希望将图像恢复到初始状态，可在对话框右侧的"画笔重建选项"选项组中单击"恢复全部"按钮。

选择"液化"对话框中的重建工具 ，然后用鼠标在图像窗口中涂抹被改动的部分，可部分或全部恢复图像的先前状态。

选择"液化"对话框中的冻结工具 ，在图像编辑窗口中涂抹，可以设置冻结区域（即受保护区域），此时变形操作对冻结区域内的像素不会有影响。要想解冻该区域，可选中解冻工具 ，然后在冻结区涂抹即可。

3."消失点"命令

消失点命令使得用户可以方便地处理图像的透视关系。如图 7-7 所示，在具有远小近大透视关系的地板上有一把刷子，下面尝试利用消失点命令将刷子从地板上清除。

图 7-7　原图

1）执行"滤镜"→"消失点"命令，打开"消失点"对话框，如图 7-8 所示。

图 7-8　"消失点"对话框

2）首先选中创建平面工具 ▦ 制作透视平面，如图 7-9 所示。然后选中图章工具 ▨ ，按住 Alt 键在图中单击选取参考点，如图 7-10 所示。

图 7-9　制作透视平面　　图 7-10　选取参考点

3）在图中单击并拖动鼠标复制图像覆盖刷子所在位置，复制图像的过程以及清除刷子后的图像分别如图 7-11 和图 7-12 所示。复制图像的过程中可在对话框中设置直径、硬度、不透明度和修复等参数以达到最佳效果。

图 7-11　复制图像　　　　图 7-12　清除刷子

4."镜头校正"命令

"镜头校正"命令可以校正因相机镜头的焦距、光圈等因素造成的照片失真，如桶状变形、枕形失真、晕影和色彩失常等。

如图 7-13 所示，用广角镜头拍照的照片中产生了广角畸变，下面用"镜头校正"命令对其进行校正。

图 7-13　广角畸变照片

1）执行"滤镜"→"镜头校正"命令，打开"镜头校正"对话框，如图 7-14 所示。

2）在"镜头校正"对话框中设置"移去扭曲"参数为适当的正值，即可使广角畸变得到校正。校正后的图像如图 7-15 所示。设置参数时可利用预览图中的网格来观察图像校正的效果。

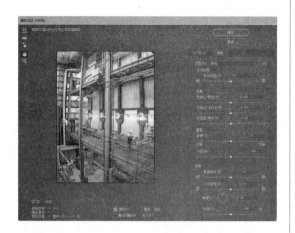

图 7-14　"镜头校正"对话框

图 7-15　校正后的图像

5. Camera Raw 滤镜

在 Photoshop 2024 中，Adobe 的 Camera Raw 也可作为滤镜使用。当在 Photoshop 中处理图像时，可以在 Photoshop 中已打开的图像上选择应用 Camera Raw 滤镜（执行"滤镜"→"Camera Raw 滤镜"命令，可打开如图 7-16 所示的"Camera Raw"对话框）。可以将 Camera Raw 滤镜应用于更多文件类型，如 PNG、视频剪辑、TIFF 和 JPEG 等。使用

Camera Raw 滤镜处理的图像可位于任意图层上。此外，对图像类型进行的所有编辑操作均不会造成破坏。

图 7-16　"Camera Raw "对话框

7.1.2　Photoshop 自带滤镜

在"滤镜"菜单中共有多个 Photoshop 自带滤镜组，而每个滤镜组中又有若干个滤镜命令。下面首先按滤镜组给滤镜进行分类，然后选择在实际应用过程中经常用到的、有特色的滤镜命令进行介绍，并举例说明滤镜的作用。

1."像素化"滤镜组

"像素化"滤镜组中的滤镜可通过使单元格中颜色值相近的像素结成块来清晰地定义一个选区。该滤镜组中有 7 个滤镜命令，部分滤镜的功能和作用介绍如下。

（1）"彩色半调"滤镜　"彩色半调"滤镜可模仿铜版画的效果，即在图像的每一个通道扩大网点在屏幕上的显示效果。"彩色半调"对话框的参数设置及使用该滤镜前后的效果图如图 7-17 所示。

a) 原图

b) "彩色半调"对话框参数设置

c) 使用"彩色半调"滤镜后的效果图

图 7-17 "彩色半调"滤镜

"彩色半调"对话框中的"最大半径"的变化范围为 4～127 像素，其可决定产生半色调网格的大小。"网角"为网点和实际水平线的夹角，其变化范围为 −360～360。灰度模式的图像只能使用通道 1，RGB 模式的图像可以使用前三个通道，而 CMYK 模式的图像可使用所有的四个通道。

可以利用"彩色半调"滤镜来制作网格状选区，然后对图像进行进一步的处理。具体方法如下：

1）新建一个图像文件，并新建 Alpha1 通道，用画笔工具在通道中绘画，如图 7-18 所示。

图 7-18 在通道中绘画

2）执行"滤镜"→"像素化"→"彩色半调"命令，在弹出的对话框中如图 7-19 所示设置参数。

图 7-19 "彩色半调"对话框

3）单击"确定"按钮，使用"彩色半调"滤镜后的结果如图 7-20 所示。

图 7-20 使用"彩色半调"滤镜后的结果

4）新建一个图层，载入 Alpha1 通道选区，使用渐变工具填充渐变，再为该图层添加"投影"图层样式，结果如图 7-21 所示。

图 7-21　填充渐变并添加"投影"图层样式

（2）"晶格化"滤镜　"晶格化"滤镜可使像素结块形成多边形纯色。"晶格化"对话框参数设置及使用该滤镜前后的效果图如图 7-22 所示。

a) 原图

b)"晶格化"对话框参数设置

c) 使用"晶格化"滤镜后的效果图

图 7-22　"晶格化"滤镜

"晶格化"对话框中只有一个"单元格大小"选项，用于决定多边形分块的大小，变化范围为 3～300 像素。

（3）"马赛克"滤镜　"马赛克"滤镜可把具有相似色彩的像素合成更大的方块，并按原图规则排列，模拟马赛克的效果。"马赛克"对话框参数设置及使用"马赛克"滤镜前后的效果图如图 7-23 所示。

a) 原图

b)"马赛克"对话框参数设置

c) 使用"马赛克"滤镜后的效果图

图 7-23　"马赛克"滤镜

"马赛克"对话框中只有一个"单元格大小"选项，用于确定产生马赛克的方块大小，变化范围为2~200像素。

2. "扭曲"滤镜组

"扭曲"滤镜组中的滤镜可以按照各种方式对图像进行几何扭曲，它们的工作方式大多是对色彩进行位移或插值等操作。

（1）"切变"滤镜 使用"切变"滤镜可以沿一条用户自定义曲线扭曲一幅图像。在"切变"对话框中的曲线设置区可任意定义扭曲曲线的形状。例如，在曲线上单击可创建一结点，拖动结点即可改变曲线的形状。用户最多可自己定义18个结点。要删除某个结点，只需拖动该结点到曲线设置区以外即可。

在未定义区域可选择一种对扭曲后所产生的图像空白区域的填补方式，若选择折回方式，则在空白区域中填入溢出图像之外的图像内容；若选择重复边缘像素方式，则在空白区域填入扭曲边缘的像素颜色。

"切变"对话框参数设置及使用"切变"滤镜前后的效果图如图7-24所示。

（2）"旋转扭曲"滤镜 使用"旋转扭曲"滤镜可以旋转图像，图像中心的旋转程度比边缘的旋转程度大。"旋转扭曲"对话框参数设置及使用"旋转扭曲"滤镜前后的效果图如图7-25所示。

在"旋转扭曲"对话框中可设置旋转角度以控制扭曲变形，角度为正时顺时针旋转，角度为负时逆时针旋转，且角度的绝对值越大，旋转扭曲得越厉害。

a) 原图

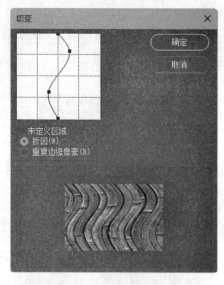

b) "切变"对话框参数设置

c) 使用"切变"滤镜后的效果图

图7-24 "切变"滤镜

（3）"极坐标"滤镜 "极坐标"滤镜可以将图像坐标从直角坐标系转换为极坐标系，或者反过来将极坐标系转换为直角坐标系。

a) 原图

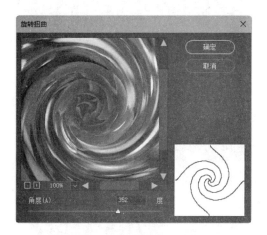

b) "旋转扭曲" 对话框参数设置

c) 使用 "旋转扭曲" 滤镜后的效果图

图 7-25　"旋转扭曲" 滤镜

例如，在一幅背景色为黑色的图像中新建一个图层，用画笔工具绘制各种颜色的竖直线条，然后执行 "极坐标" 滤镜命令，两

种坐标转换的对话框选项设置和结果分别如图 7-26 和图 7-27 所示。

a) 原图

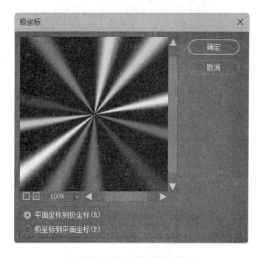

b) 选择 "平面坐标到极坐标"

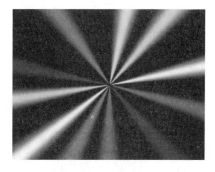

c) 完成坐标转换

图 7-26　直角坐标转换为极坐标

a) 原图

b) 选择"极坐标到平面坐标"

c) 完成坐标转换

图 7-27　极坐标转换为直角坐标

a) 原图

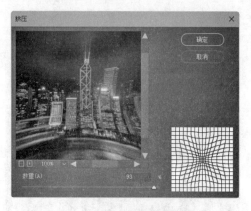

b)"挤压"对话框参数设置

c) 使用"挤压"滤镜后的效果图

图 7-28　"挤压"滤镜

（4）"挤压"滤镜　"挤压"滤镜能模拟膨胀或挤压的效果，能放大或缩小图像中的选区，使图像产生向外或向内挤压的效果。可将"挤压"滤镜用于照片图像的校正，来增大或减小人物中的某一部分（如鼻子或嘴唇等）。在"挤压"对话框中可设置"数量"选项，通过拖动滑块来调整挤压的程度。

图 7-28 所示为"挤压"对话框参数设置及使用"挤压"滤镜前后的效果图。

（5）"水波"滤镜　"水波"滤镜可根据选区中像素的半径将选区径向扭曲。

"水波"对话框中的"起伏"选项可用于设置水波方向从选区的中心到其边缘的反转次数；在"样式"下拉列表中可选择水波的样式，其中"水池波纹"可将像素置换到左上方或右下方，"从中心向外"可向着或远离选区中心置换像素,而"围绕中心"则围绕中心旋转像素。

图 7-29 所示为在"水波"对话框中选择"水池波纹"样式,使用"水波"滤镜前后的效果图。

a) 原图

b) "水波"对话框参数设置

c) 使用"水波"滤镜后的效果图

图 7-29 "水波"滤镜

(6)"波浪"滤镜 "波浪"滤镜可根据用户设定的不同波长产生不同的波动效果。

"波浪"对话框中的选项包括波浪生成器的数目、波长(从一个波峰到下一个波峰的距离)、波幅和波浪类型(包括"正弦""三角形"和"方形")等。单击"随机化"按钮可应用随机值,也可以定义未扭曲的区域。

图 7-30 所示为"波浪"对话框参数设置及使用"波浪"滤镜前后的效果图。

a) 原图

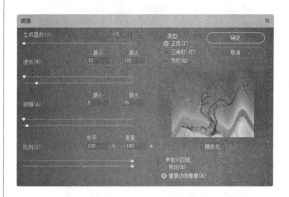

b) "波浪"对话框参数设置

c) 使用"波浪"滤镜后的效果图

图 7-30 "波浪"滤镜

（7）"波纹"滤镜　"波纹"滤镜是"波浪"滤镜的简化。如果只需要产生简单的水面波纹效果，不用设置波长、波幅等参数，则可使用此滤镜。图 7-31 所示为"波纹"对话框参数设置及使用"波纹"滤镜前后的效果图。

a) 原图

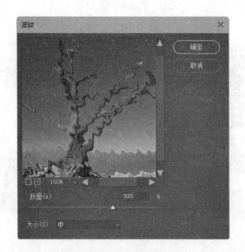

b) "波纹"对话框参数设置

c) 使用"波纹"滤镜后的效果图

图 7-31　"波纹"滤镜

（8）"海洋波纹"滤镜　"海洋波纹"滤镜可将随机产生的海洋波纹添加到图像表面，使图像看上去像是在水中。"海洋波纹"对话框参数设置及使用"海洋波纹"滤镜前后的效果图如图 7-32 所示。

a) 原图

b) "海洋波纹"对话框参数设置

c) 使用"海洋波纹"滤镜后的效果图

图 7-32　"海洋波纹"滤镜

（9）"扩散亮光"滤镜　使用"扩散亮光"滤镜处理的图像就像是透过一个柔和的扩散滤镜来观看，此滤镜将透明的白杂色添加到图像，并从选区的中心向外渐隐亮光。"扩散亮光"对话框参数设置及使用"扩散亮光"滤镜前后的效果图如图 7-33 所示。

a) 原图　　　　b) "扩散亮光" 对话框参数设置

c) 使用 "扩散亮光" 滤镜后的效果图

图 7-33　"扩散亮光" 滤镜

（10）"玻璃" 滤镜　"玻璃" 滤镜可在图像表面生成一系列玻璃纹理，产生一种透过玻璃观察图片的效果。"玻璃" 对话框参数设置及使用 "玻璃" 滤镜前后的效果图如图 7-34 所示。

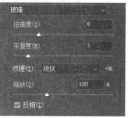

a) 原图　　　　b) "玻璃" 对话框参数设置

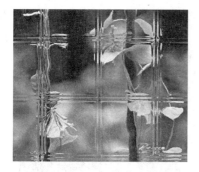

c) 使用 "玻璃" 滤镜后的效果图

图 7-34　"玻璃" 滤镜

在 "玻璃" 对话框中可设置玻璃纹理类型、扭曲度、平滑度、缩放以及是否将纹理反相等参数。

Photoshop 提供了 "块状"（见图 7-34c）和 "画布" "结霜" "小镜头" 4 种纹理类型。用户还可以自行添加纹理，选择 "纹理" 下拉列表中的 "载入纹理" 选项，在打开的对话框中选择一个 Photoshop 格式的图像文件，单击 "确定" 按钮，就可将该图像作为玻璃纹理使用，如载入一幅人脸图像作为玻璃纹理，使用 "玻璃" 滤镜后的效果如图 7-35 所示。

图 7-35　载入人脸图像作为玻璃纹理

（11）"球面化" 滤镜　"球面化" 滤镜可以产生球面的 3D 效果。"球面化" 对话框参数设置及使用 "球面化" 滤镜前后的效果图如图 7-36 所示。

在 "球面化" 滤镜的对话框中可设置球面化的 "数量"，该数值越大，球面化效果越强，即 3D 效果越明显。此外，用户还可在 "模式" 下拉列表中选择 "水平优先" 和 "垂直优先" 来制作水平和垂直的圆柱面效果。

（12）"置换" 滤镜　"置换" 滤镜可根据置换图中像素的不同色调值来对图像进行变形，从而产生不定方向的位移效果。下面通过一个实例来说明其用法。

a) 原图

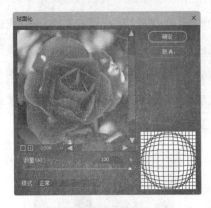

b) "球面化"对话框参数设置

c) 使用"球面化"滤镜后的效果图

图 7-36 "球面化"滤镜

1）打开如图 7-37 所示的素材图像。

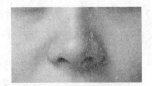

图 7-37 素材图像

2）执行"图像"→"模式"→"灰度"命令，将其转换为灰度图像，如图 7-38 所示。

然后将此灰度图像另存储为 PSD 格式的文件。

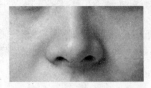

图 7-38 转换为灰度图像

3）再打开该素材图像，输入一串数字，并将此文字图层转换为普通图层，如图 7-39 所示。

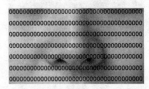

图 7-39 输入数字并将文字图层转换为普通图层

4）执行"滤镜"→"扭曲"→"置换"命令，打开"置换"对话框，设置参数如图 7-40 所示。然后单击"确定"按钮，在打开的对话框中选择前面保存的灰度图像作为置换图，单击"确定"按钮，结果如图 7-41 所示。

图 7-40 设置"置换"对话框参数

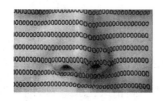

图 7-41 使用"置换"滤镜效果图

可以看出，数字图层在执行"置换"滤镜命令后，根据人脸的形状发生了扭曲，就如这些数字是写在了人的脸上一样。

从这个例子中可以看到，在使用"置换"滤镜之前必须要有一幅 PSD 格式的置换图像，执行该滤镜命令时选中该图像，系统即可根据其像素颜色值对原图像进行变形。置换图的像素颜色值对应的变形规则如下：0（黑色），产生最大负向位移，即将待处理图像中相应的像素向右或向下移动；255（白色），产生最大正向位移，即将待处理图像中相应的像素向左或向上移动；128，像素不产生位移。

置换图可以有一个或多个色彩通道，若只有一个色彩通道，"置换"滤镜将根据置换图的像素颜色值正向或负向移动源图像的像素；若置换图有多个色彩通道，则第一个通道的像素颜色值决定源图像像素的水平位移，第二个通道的像素颜色值决定源图像像素的垂直位移。在上面的实例中，置换图为灰度模式，只有一个色彩通道。

在"置换"对话框中可设置像素位移的水平和垂直比例，变化范围为 0~100%，值越大，像素位移也越大。当置换图的像素少于源图像的像素时，可在置换图设置区设定置换图的匹配方式。在对话框中也可设置对未定义区域的处理。

3. "杂色"滤镜组

"杂色"滤镜组中包含有 4 种滤镜，其中

"添加杂色"滤镜可用于增加图像中的杂点，其他滤镜均用来去除图像中的杂点，如斑点与划痕等。

（1）"添加杂色"滤镜 "添加杂色"滤镜是在处理图像的过程中经常用到的一个滤镜，利用它可将杂点随机地混合到图像当中，模拟在高速胶卷上拍照的效果。"添加杂色"对话框参数设置及使用"添加杂色"滤镜前后的效果图如图 7-42 所示。

"添加杂色"对话框中各选项的含义如下：

1）"数量"文本框：表示添加杂色的多少，变化范围为 0.1%~400%。

2）"分布"选项组：选中"平均分布"单选按钮，系统将随机地在图像中加入杂点，杂点的颜色统一且平均分布；选中"高斯分布"单选按钮，系统将按高斯曲线分布的方式来添加杂点，此方式下加入的杂点较为强烈。

3）"单色"复选框：选中此复选框，加入的杂点只影响原图像素的亮度，并不改变像素的颜色；不选择此复选框，则在添加杂点后，像素的颜色会发生变化。

"添加杂色"滤镜的用途很多，可以用来制作各种纹理，如制作竹子表面的纹理和金属圆盘表面的质感等。

（2）"减少杂色"滤镜 "减少杂色"滤镜可用于去除 JPEG 图像压缩时产生的噪点。

图 7-43 所示为使用"减少杂色"滤镜前后的图像。图 7-43a 所示为高 ISO（ISO=3200）照片的局部，其中有许多因 ISO 过高产生的噪点，经"减少杂色"滤镜处理后，噪点得到了较好的消除，如图 7-43b 所示。

a) 原图

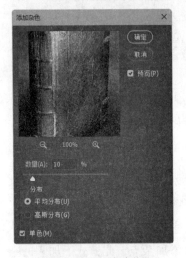

b) "添加杂色"对话框参数设置

c) 使用"添加杂色"滤镜后的效果图

图 7-42 "添加杂色"滤镜

a) 使用前   b) 使用后

图 7-43 "减少杂色"滤镜

"减少杂色"滤镜可设置"强度""保留细节"和"锐化细节"等参数，还可在"高级"选项中对 R、G、B 通道分别进行调整。

（3）"中间值"滤镜   "中间值"滤镜可通过混合图像中像素的亮度来减少杂色，在消除或减少图像的动感效果时非常有用。"中间值"对话框中只有一个"半径"文本框，其变化范围为 1 ~ 100 个像素，值越大融合效果越明显。"中间值"对话框参数设置及使用"中间值"滤镜后的效果图如图 7-44 所示。

a) 原图

b) "中间值"滤镜参数设置

c) 使用"中间值"滤镜后的效果图

图 7-44 "中间值"滤镜

（4）"去斑"滤镜和"蒙尘与划痕"滤镜 这两个滤镜可去除图像中的斑点和划痕，在对有缺陷的照片进行处理时非常有用。

4. "模糊"滤镜组

"模糊"滤镜组中的模糊滤镜可通过平衡图像中已定义的线条和遮蔽区域的清晰边缘旁边的像素，使变化显得柔和，达到模糊的效果。

（1）"动感模糊"滤镜 "动感模糊"滤镜可在某一方向对像素进行线性位移，产生沿某一方向运动的模糊效果，就如用有一定曝光时间的相机拍摄快速运动的物体一样。"动感模糊"对话框参数设置及使用"动感模糊"滤镜前后的效果图如图 7-45 所示。

"动感模糊"对话框中有两个选项，"角度"选项用于设定动感模糊的方向，其变化范围为 −90° ~ 90°；"距离"选项用于设定像素移动的距离，其变化范围为 1 ~ 999 个像素。

（2）"形状模糊"滤镜 "形状模糊"对话框如图 7-46 所示。用户可在对话框中选择应用于模糊的形状，并调整半径大小以制作特殊模糊效果。半径越大，模糊效果越好，但也更耗费系统资源。

（3）"径向模糊"滤镜 "径向模糊"滤镜能够模拟前后移动或旋转的相机所拍摄的物体的模糊效果。该滤镜有两种模糊方法："旋转"和"缩放"。其中，"旋转"方法产生旋转模糊的效果，如图 7-47 所示；"缩放"方法产生放射状模糊的效果，如图 7-48 所示。

a）原图

b）"动感模糊"对话框参数设置

c）使用"动感模糊"滤镜后的效果图

图 7-45 "动感模糊"滤镜

图 7-46 "形状模糊"对话框

a) 原图

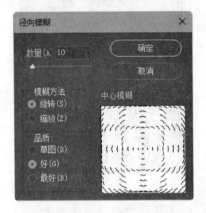

b) 选择"旋转"模糊方法

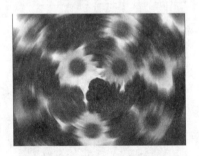

c) 使用"径向模糊"滤镜后的效果图

图 7-47　旋转径向模糊

在"径向模糊"对话框中还可定义模糊中心，只需将鼠标指针移动到预览方框内单击即可；"数量"选项可用于设置模糊的强度，变化范围为 1～100，值越大，模糊效果越明显；"品质"选项组有三个选项，供用户选择使用该滤镜后的效果，效果越好，速度越慢。

a) 原图

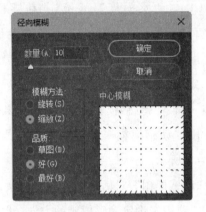

b) 选择"缩放"模糊方法

c) 使用"径向模糊"滤镜后的效果图

图 7-48　缩放径向模糊

（4）"方框模糊"滤镜　"方框模糊"滤镜可基于相邻像素的平均颜色来模糊图像。"方框模糊"对话框如图 7-49 所示。在对话框中可设置用于计算给定像素的平均值的半径大小，半径越大，产生的模糊效果越好。

图 7-49　"方框模糊"对话框

a) 原图

（5）"特殊模糊"滤镜　"特殊模糊"滤镜可较精确地模糊图像，产生清晰边界。"特殊模糊"对话框参数设置及使用"特殊模糊"滤镜前后的效果图，如图 7-50 所示。

在"特殊模糊"对话框中，可以指定半径（0.1～100），确定滤镜搜索要模糊的不同像素的距离；可以指定阈值（0.1～100），确定像素值的差别达到何种程度时应将其消除。另外，还可以指定模糊品质和模式。

（6）"表面模糊"滤镜　"表面模糊"滤镜可用于创建特殊效果并消除杂色或粒度，在保留边缘的同时模糊图像。"表面模糊"对话框如图 7-51 所示。对话框中的"半径"选项可用来指定模糊取样区域的大小；"阈值"选项可用来控制相邻像素色调值与中心像素值相差多大时才能成为模糊的一部分，色调值差小于阈值的像素将被排除在模糊之外。

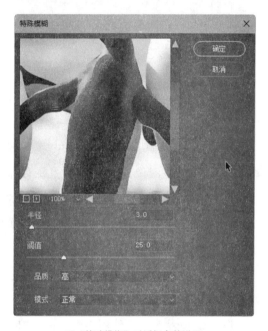

b) "特殊模糊"对话框参数设置

c) 使用"特殊模糊"滤镜后的效果图

图 7-50　"特殊模糊"滤镜

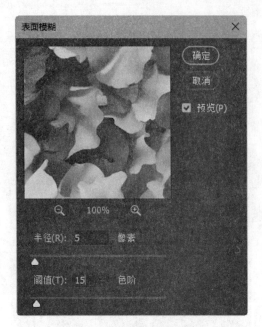

图 7-51 "表面模糊"对话框

图 7-52 照片

图 7-53 "图层"控制面板

（7）"镜头模糊"滤镜 利用"镜头模糊"滤镜可以使图像产生更浅的景深效果（景深是指被摄物体前后图像清晰范围的深度）。如果在拍摄时由于镜头光圈和焦距设置不当使得照出来的照片景深过深，可以使用"镜头模糊"滤镜对照片进行修饰，制作出想要的效果。

图 7-52 所示为一幅使用小光圈镜头拍摄的照片。可以看出，由于景深太深，使得远处的汽车都很清晰，这不利于突出照片的主题（老人与狗）。下面尝试用"镜头模糊"滤镜来使景深变浅，突出主题。

首先复制背景图层，生成"背景拷贝"图层，此时的"图层"控制面板如图 7-53 所示。

在"通道"控制面板中单击"创建新通道"按钮，新建 Alpha1 通道并制作黑白渐变，如图 7-54 所示。

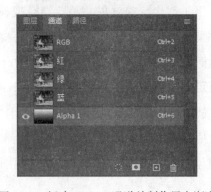

图 7-54 新建 Alpha1 通道并制作黑白渐变

选中"背景拷贝"图层，执行"滤镜"→"模糊"→"镜头模糊"命令，打开"镜头模糊"对话框，在"深度映射"中选择源 Alpha1 通道，适当调整光圈半径等参数。"镜头模糊"对话框参数设置如图 7-55 所示。

提示
"镜头模糊"滤镜使用深度映射来确定像素在图像中的位置。在选择了深度映射的情况下，也可以使用十字线光标来设置给定模糊的起点。用户可以使用 Alpha 通道和图层蒙版来创建深度映射，Alpha 通道中的黑色区域看上去好像它们位于照片的前面，白色区域看上去好像它们位于远处的位置。

图 7-56　"镜头模糊"效果

从图中可看出，由于事先没有制作选区，人物的部分区域也模糊了。在工具箱中选取橡皮擦工具，擦除"背景拷贝"图层中人物被模糊的区域，显示出"背景"图层中的图像。制作完成的效果图如图 7-57 所示。

图 7-55　"镜头模糊"对话框

"镜头模糊"参数设置完成后，单击"确定"按钮，生成"镜头模糊"效果，如图 7-56 所示。

图 7-57　制作完成的效果图

（8）"高斯模糊"滤镜　"高斯模糊"滤镜可利用钟形高斯曲线的分布模式，有选择地模糊图像。"高斯模糊"对话框参数设置及使用"高斯模糊"滤镜前后的效果图如图 7-58 所示。

a) 原图

b) "高斯模糊" 对话框参数设置

c) 使用 "高斯模糊" 滤镜后的效果图

图 7-58　"高斯模糊" 滤镜

在 "高斯模糊" 对话框中可设置模糊半径，其变化范围为 0.1 ~ 250 像素，模糊半径越大，高斯模糊效果越明显。

"模糊" 滤镜组中还有另外两个滤镜："模糊" 滤镜和 "进一步模糊" 滤镜。它们的作用和 "高斯模糊" 滤镜基本相同，区别在于，"高斯模糊" 滤镜是根据高斯曲线的分布模式对图像中的像素有选择地进行模糊处理，而这两个滤镜则对所有的像素一视同仁地进行模糊处理，而且执行这两个滤镜命令时没有可供用户设置的模糊参数，而 "高斯模糊" 则可调整模糊半径，因此在实际运用时，用户大多选择 "高斯模糊" 滤镜来制作模糊效果。在模糊处理的效果上，"进一步模糊" 滤镜比 "模糊" 滤镜强 3 ~ 4 倍。

（9）"进一步模糊" 滤镜　"进一步模糊" 滤镜是对图像进行轻微模糊的滤镜，可以在图像中有显著颜色变化的地方消除杂色。

（10）"平均" 滤镜　"平均" 滤镜的作用相当于填充原图层，但 "填充色" 取决于该图像颜色的平均色值。使用 "平均" 滤镜前后的效果图如图 7-59 所示。

a) 使用前

b) 使用后

图 7-59　"平均" 滤镜

5. "模糊画廊"滤镜组

在 Photoshop 2024 的模糊滤镜中新增加了场景模糊、光圈模糊和倾斜偏移三种全新的模糊方式，这些方式可帮助摄影师在后期编辑照片时轻松地创建媲美真实相机拍摄的景深效果。

（1）"场景模糊"滤镜　景深效果运用得当在摄影中可以很好地突出拍摄的主体。但是由于镜头的限制及诸多拍摄因素的影响，有时候拍摄出的照片景深效果并不满意，还需要后期处理时在 Photoshop 中对照片的景深进行处理。

"场景模糊"滤镜可以对照片进行焦距调整（这与拍摄照片的原理一样），使主体前后的物体变得模糊。选择的镜头不同，模糊的方法也略有差别。"场景模糊"滤镜可以对一幅图片全局或多个局部进行模糊处理。

下面对如图 7-60 所示的照片进行模糊处理。执行"滤镜"→"模糊画廊"→"场景模糊"命令，整个画面全部变为了模糊状，如图 7-61 所示。

图 7-60　照片

此时出现"模糊工具"面板，如图 7-62 所示。其中，"模糊"选项可用来控制模糊的强弱程度，通过移动照片上的控制点可以选择模糊作用的位置。

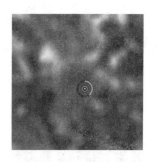

图 7-61　应用"场景模糊"命令后的效果

图 7-62　"模糊工具"面板

读者可以发现，只有一个控制点的场景模糊效果与之前的模糊命令产生的效果并无太大区别。但是使用"场景模糊"滤镜在照片中添加多个控制点，则可生成与真实镜头产生的景深完全相同的效果。

在照片上单击，即可在照片不同的位置添加控制点。这里根据前景和后景的层次为照片添加 5 个场景模糊控制点，如图 7-63 所示。

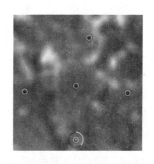

图 7-63　添加场景模糊控制点

在"模糊工具"面板上分别调整每个控制点的模糊数值,便可以创建符合实际的景深效果,如图 7-64 所示。

图 7-64 创建符合实际的景深效果

(2)"光圈模糊"滤镜 "光圈模糊"滤镜可通过添加控制点,控制模糊范围、过渡层次生成一种自然的大光圈镜头景深效果。

当然,如果想得到更出色的镜头光圈成形的景深效果,使用"光圈模糊"滤镜时,也可以通过添加多个控制点,并分别设置模糊强度、范围、起始位置,做到更为精确的景深控制和生成更出色的效果。

"光圈模糊"滤镜相对于"场景模糊"滤镜的使用方法要简单很多。"场景模糊"滤镜虽然可以更精确地模拟模糊效果,但是需要设定多个控制点才能实现,而"光圈模糊"滤镜则可以只通过设置一个控制点就得到不错的景深效果。通过控制点可选择模糊位置,通过调整范围框可控制模糊作用范围。

下面对如图 7-65 所示的照片进行模糊处理。执行"滤镜"→"模糊画廊"→"光圈模糊"命令,结果如图 7-66 所示。

在模糊范围和模糊控制点之间有四个控制点,这些点为模糊起始点,可用来控制模糊过渡,增加创建的光圈模糊效果真实性。

图 7-65 照片

图 7-66 执行"光圈模糊"命令

在使用"光圈模糊"滤镜时,可如图 7-67 所示将模糊控制点设置在画面中心主体的位置,调整模糊范围并通过控制点来调整模糊的起始点的位置,精确控制模糊过渡范围,甚至可以通过控制点改变模糊框的形状,以便更好地形成光圈模糊效果。

图 7-67 设置模糊控制点位置

在如图 7-68 所示的"模糊工具"面板中通过调整模糊强弱程度控制模糊效果，让景深看起来更真实，制作完成的模糊效果如图 7-69 所示。

图 7-68　"模糊工具"面板

图 7-69　制作完成的模糊效果

6."渲染"滤镜组

利用"渲染"滤镜组中的滤镜可制作云彩和各种光照效果。

（1）"云彩"滤镜和"分层云彩"滤镜　"云彩"滤镜和"分层云彩"滤镜都可用来生成云彩，但两者产生云彩的方法不同。"云彩"滤镜直接利用前景色和背景色之间的随机像素的值将图像转换为柔和的云彩，而"分层云彩"滤镜则是将"云彩"滤镜得到的云彩和原图像以"差值"色彩混合模式进行混合。

例如，将前景色和背景色分别设置为白色和蓝色，对图 7-70 所示的原始图像分别使用"云彩"滤镜和"分层云彩"滤镜，生成的结果分别如图 7-71 和图 7-72 所示。

图 7-70　原始图像

图 7-71　使用"云彩"滤镜后的效果

图 7-72　使用"分层云彩"滤镜后的效果

提示
按住 Shift 键使用"云彩"滤镜和"分层云彩"滤镜可增强色彩效果。

（2）"光照效果"滤镜 "光照效果"滤镜是一个功能极强的滤镜，它的主要作用是产生光照效果，并可通过使用灰度图像的纹理产生类似 3D 的效果。

执行"滤镜"→"渲染"→"光照效果"命令，打开"光照效果"属性面板，如图 7-73 所示。

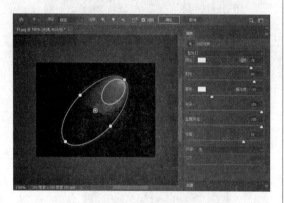

图 7-73 "光照效果"属性面板

从图中可以看出，该面板可分为两个部分：左侧的图像预览区和右侧的属性设置区。

Photoshop 最多允许用户建立 16 个光源。选中某光源，单击"光源"属性面板下方的垃圾箱按钮可将该光源删除。

在属性设置区中，Photoshop 提供了 3 种光照类型供用户选择。另外，用户还可调整光的强度和聚焦度，并更改光照的 6 种属性，以达到各种不同的光照效果。各种参数设置产生的光照效果，读者可在实践中去尝试，这里不做详解。

图 7-74 所示为"预设"中的 3 种光照类型产生的光照效果图。

属性设置区下方的"纹理"选项可用于在图像中加入纹理，产生浮雕效果，为图像增加立体感。"纹理"下拉列表中列出了当前

a) 五处下射光

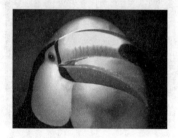

b) 喷涌光

c) 手电筒

图 7-74 "光照效果"滤镜

图像"通道"控制面板中所有的通道名称，从中可选择一个通道作为纹理通道为图像添加纹理。下面通过一个实例来说明其用法。

1）新建一幅 RGB 图像，填充紫色，如图 7-75 所示。

图 7-75 新建图像

2）新建Alpha1通道，设置前景色和背景色分别为黑色和白色，执行"滤镜"→"渲染"→"云彩"命令，效果如图7-76所示。

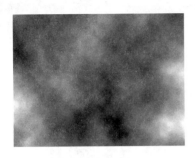

图 7-76 在 Alpha1 通道中制作云彩

3）执行"滤镜"→"渲染"→"光照效果"命令，打开"光照效果"属性面板，在"光照类型"下拉列表中选择"点光"，在"纹理"下拉列表中选择"Alpha1"通道，其余参数设置如图7-77所示。

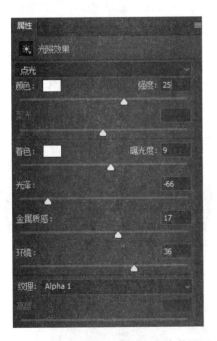

图 7-77 "光照效果"属性面板参数设置

4）使用"光照效果"滤镜添加纹理的效果如图7-78所示。

图 7-78 使用"光照效果"滤镜添加纹理

（3）"镜头光晕"滤镜 "镜头光晕"滤镜可模拟亮光照射到相机镜头所产生的折射效果。"镜头光晕"对话框参数设置及使用"镜头光晕"滤镜前后的效果如图7-79所示。

a) 原图

b) "镜头光晕"对话框参数设置

c) 使用"镜头光晕"滤镜后的效果

图 7-79 "镜头光晕"滤镜

在"镜头光晕"对话框中可设置光晕的亮度，其变化范围为 10% ～ 300%；在预览窗口中单击并拖动可设定光晕中心；可供选择的镜头类型有"50 ～ 300 毫米变焦""35 毫米聚焦""105 毫米聚焦"和"电影镜头"4 种，其中"105 毫米聚焦"镜头产生的光芒最多。

7. "画笔描边"滤镜组

"画笔描边"滤镜组中的滤镜可使用不同的画笔和油墨描边效果创建出绘画效果的外观。该滤镜组中共有 8 种滤镜。

（1）"喷溅"滤镜 "喷溅"滤镜可产生类似笔墨喷溅的效果，在"喷溅"对话框中可设置"喷色半径"及"平滑度"选项，如图 7-80 所示。

a) 原图

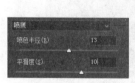

b) 设置参数

c) 效果图

图 7-80　"喷溅"滤镜

（2）"喷色描边"滤镜 "喷色描边"滤镜和"喷溅"滤镜相似，它使用一定方向的喷溅的颜色线条重新绘制图像，在"喷色描边"对话框中可以选择描边方向，如图 7-81 所示。

a) 原图

b) 参数设置

c) 效果图

图 7-81　"喷色描边"滤镜

（3）"强化的边缘"滤镜 "强化的边缘"滤镜可以用来强化图像的边缘，在该滤镜的对话框中可设置"边缘宽度""边缘亮度"和"平滑度"选项，如图 7-82 所示。其中，"边缘亮度"值越大，强化边缘越接近白色粉笔效果；"边缘亮度"值越小，强化边缘越接近黑色油墨效果。

a) 原图

b) 参数设置

c) 效果图

图 7-82　"强化的边缘"滤镜

（4）"墨水轮廓"滤镜　"墨水轮廓"滤镜能在图像中颜色的边界处产生用油墨勾画出轮廓的效果，如图7-83所示。

a) 原图　　　　　　　b) 参数设置

c) 效果图

图 7-83　"墨水轮廓"滤镜

（5）"阴影线"滤镜　"阴影线"滤镜可保留原图像的细节和特征，同时使用模拟的铅笔阴影线为图像添加纹理，并使图像中彩色区域的边缘变粗糙，如图7-84所示。该滤镜对话框中的"强度"选项可用于控制一次滤镜命令使用阴影线的次数，变化范围为1～3。

a) 原图　　　　　　　b) 参数设置

c) 效果图

图 7-84　"阴影线"滤镜

（6）"成角的线条"滤镜　"成角的线条"滤镜使用成角的线条勾画图像，如图7-85所示。该滤镜对话框中的"方向平衡"选项可用于调节向左下角和右下角勾画的强度，"描边长度"选项可用于控制成角线条的长度，"锐化程度"选项可用于调节勾画线条的锐化度。

a) 原图　　　　　　　b) 参数设置

c) 效果图

图 7-85　"成角的线条"滤镜

（7）"深色线条"滤镜　"深色线条"滤镜可用黑色线条描绘图像的暗区，用白色线条描绘图像的亮区，如图7-86所示。该滤镜对话框中的"平衡"选项可控制笔触的方向，"黑色强度"和"白色强度"可分别用于控制图像暗区和亮区线条的强度。

（8）"烟灰墨"滤镜　"烟灰墨"滤镜可以日本画的风格来描绘图像，类似应用"深色线条"滤镜之后又模糊的效果，如图7-87所示。该滤镜对话框中的"描边宽度"选项可用于调节描边笔触的宽度，"描边压力"选项可用于调节描边笔触的压力值，"对比度"选项可以直接调节结果图像的对比度。

a) 原图   b) 参数设置

c) 效果图

图 7-86 "深色线条" 滤镜

a) 原图   b) 参数设置

c) 效果图

图 7-87 "烟灰墨" 滤镜

8. "素描" 滤镜组

"素描" 滤镜组中的滤镜可将纹理添加到图像上，通常用于获得 3D 效果。这些滤镜还可用于创建美术或手绘外观。

（1）"半调图案" 滤镜 "半调图案" 滤镜可使用前景色和背景色在当前图片中产生网板图案。在该滤镜对话框中可设置 "图案类型" "大小" 和 "对比度" 选项。其中，"图案类型" 下拉列表中有 "圆圈" "网点" 和 "直线" 三个选项。图 7-88 所示为选择 "网点" 图案类型，设置前景色和背景色分别为蓝色和白色，使用 "半调图案" 滤镜前后的效果图。

a) 原图   b) 参数设置

c) 效果图

图 7-88 "半调图案" 滤镜

（2）"图章" 滤镜 "图章" 滤镜可模拟图章作画，在用于黑白图像时效果最佳。此滤镜可简化图像，使之呈现用橡皮或木制图章盖印的效果，如图 7-89 所示（前景色和背景色仍为蓝色和白色）。

a) 原图　　　　　　　b) 参数设置

c) 效果图

图 7-89　"图章"滤镜

（3）"基底凸现"滤镜　"基底凸现"滤镜可变换图像，使之呈浅浮雕的雕刻状和突出光照下变化各异的表面，图像的暗区使用前景色，而浅色部分使用背景色，如图 7-90 所示。在该滤镜对话框的"光照"下拉列表中可选择光源方向，不同的光照方向将产生不同的浮雕效果。

a) 原图　　　　　　　b) 参数设置

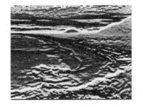

c) 效果图

图 7-90　"基底凸现"滤镜

（4）"撕边"滤镜　"撕边"滤镜可用来处理图像中的颜色边缘，使其呈粗糙、撕破的纸片状，然后使用前景色和背景色给图像着色，如图 7-91 所示。

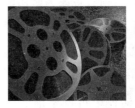 

a) 原图　　　　　　　b) 参数设置

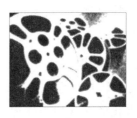

c) 效果图

图 7-91　"撕边"滤镜

（5）"水彩画纸"滤镜　"水彩画纸"滤镜可模拟在潮湿的纤维纸上绘画，使图像的颜色流动并混合的效果，如图 7-92 所示。

 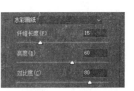

a) 原图　　　　　　　b) 参数设置

c) 效果图

图 7-92　"水彩画纸"滤镜

235

（6）"炭精笔"滤镜 "炭精笔"滤镜可在图像上模拟浓黑和纯白的炭精笔纹理。使用该滤镜后，在图像的暗区使用前景色，在亮区使用背景色。为了获得更逼真的效果，可以在使用该滤镜之前将前景色改为常用的炭精笔颜色（黑色、深褐色或血红色）。为了获得减弱的效果，可以在使用该滤镜之前将背景色改为白色，其中添加一些前景色。

在"炭精笔"对话框中可调整前景色和背景色的色阶，并可在"纹理"下拉列表中选择适当的纹理，Photoshop 提供有"砖形""粗麻布""画布"和"岩石"4种纹理。此外，用户还可以通过选择"纹理"下拉列表中的"载入纹理"选项载入存储的Photoshop 格式的文件作为纹理模板。通过调整下方的"缩放"和"凸现"滑块可以调整纹理模板的大小及其凹凸程度。在"光照"下拉列表中可选择光源的方向，其中有8种方向可供选择。"反相"复选框可用于设置纹理的凹凸部位，选中该复选框时产生的纹理和不选中时产生的纹理的凹凸部位正好相反。

图7-93所示为设置前景色和背景色分别为血红色和白色，使用"炭精笔"滤镜前后的效果图。

（7）"铬黄渐变"滤镜 "铬黄渐变"滤镜可产生一种液态金属效果。该滤镜不使用前景色和背景色。在应用滤镜后，可使用"色阶"对话框和"色彩平衡"对话框调整图像，使其达到更好的效果。

图7-94所示为使用"铬黄渐变"滤镜并调整"色彩平衡"前后的效果图。

a）原图　　　　b）参数设置

c）效果图

图7-93 "炭精笔"滤镜

a）原图　　　　b）参数设置

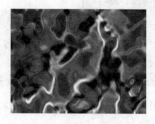

c）效果图

图7-94 "铬黄渐变"滤镜

（8）"网状"滤镜 "网状"滤镜可使图像的暗调区域结块，高光区域好像被轻微颗粒化。"网状"滤镜的参数设置及使用"网状"滤镜前后的效果图如图7-95所示。该滤镜对话框中的"密度"选项可控制颗粒的密度，"前景色阶"选项可控制暗调区域的色阶范围，"背景色阶"选项可控制高光区域的色阶范围。

a）原图　　　　　　b）参数设置

c）效果图

图 7-95　"网状"滤镜

（9）"便条纸"滤镜　"便条纸"滤镜可以模拟纸浮雕的效果，与可生成颗粒效果的滤镜和生成浮雕效果的滤镜先后作用于图像所产生的效果类似。"便条纸"滤镜的参数设置及使用"便条纸"滤镜前后的效果图如图 7-96 所示。

（10）"粉笔和炭笔"滤镜　"粉笔和炭笔"滤镜可用来制作类似炭笔素描的效果。其中，粉笔用于绘制图像背景，绘制的区域应用背景色；炭笔用于勾画暗区，绘制的区域应用前景色。"粉笔和炭笔"滤镜的参数设

置及使用该滤镜前后的效果图如图 7-97 所示。该滤镜对话框中的"描边压力"选项可用于控制图像勾画的对比度。

a）原图　　　　　　b）参数设置

c）效果图

图 7-96　"便条纸"滤镜

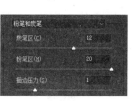

a）原图　　　　　　b）参数设置

c）效果图

图 7-97　"粉笔和炭笔"滤镜

（11）"绘图笔"滤镜 "绘图笔"滤镜可使用线状油墨来勾画原图像的细节。油墨应用前景色，纸张应用背景色，如图7-98所示。该滤镜对话框中的"描边长度"选项可决定线状油墨的长度，"明\暗平衡"选项可用于控制图像的对比度。

a）原图　　　　　　b）参数设置

a）原图　　　　　　b）参数设置

c）效果图

图7-99 "影印"滤镜

c）效果图

图7-98 "绘图笔"滤镜

（12）"影印"滤镜 "影印"滤镜可模拟影印图像效果。暗区趋向于描绘边缘，而中间色调为纯白或纯黑色，如图7-99所示。该滤镜对话框中的"细节"选项可控制结果图像的细节，"暗度"选项可控制暗部区域的对比度。

9."纹理"滤镜组

"纹理"滤镜组中滤镜的主要功能是在图像中加入各种纹理，或给图像添加某种质感，产生一些特技效果。

（1）"拼缀图"滤镜 "拼缀图"滤镜可将图像分解为若干个正方形，每个正方形均用图像中该区域的颜色填充。此滤镜随机减小或增大拼贴的深度，以模拟高光和暗调。在该滤镜的对话框中可调整正方形的大小和凹凸程度。

图7-100所示为"拼缀图"滤镜的参数设置及使用"拼缀图"滤镜前后的效果图。

（2）"染色玻璃"滤镜 "染色玻璃"滤镜可产生不规则分离的彩色玻璃格子，格子内的颜色由该格子内像素颜色的平均值来确定，而边框的颜色则由前景色确定，如图7-101所示。在该滤镜的对话框中可设置玻璃"单元格大小""边框粗细"和"光照强度"选项。

a）原图　　　　　b）参数设置

c）效果图

图 7-100　"拼缀图"滤镜

a）原图　　　　　b）参数设置

c）效果图

图 7-101　"染色玻璃"滤镜

（3）"纹理化"滤镜　"纹理化"滤镜的功能是在图像中加入各种纹理（可以是 Photoshop 自带的纹理，也可以是用户载入的纹理）。该滤镜对话框中的"纹理"选项组与

"炭精笔"滤镜的"纹理"选项组完全相同，这里不再赘述。"纹理化"滤镜的参数设置及使用"纹理化"滤镜前后的效果图如图 7-102 所示。图中使用的是 Photoshop 自带的岩石纹理，用户自己载入纹理时，一定要选择 Photoshop（*.PSD）格式的图像文件。

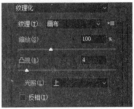

a）原图　　　　　b）参数设置

c）效果图

图 7-102　"纹理化"滤镜

（4）"颗粒"滤镜　"颗粒"滤镜可通过模拟不同种类的颗粒，如常规、软化、喷洒、结块、强反差、扩大、点刻、水平、垂直和斑点，为图像添加纹理。该滤镜类似于不选中"单色"复选框的"添加杂色"滤镜。

（5）"马赛克拼贴"滤镜　"马赛克拼贴"滤镜可以产生马赛克贴壁的效果。在该滤镜对话框中可设置"拼贴大小""缝隙宽度"和"加亮缝隙"选项。"马赛克拼贴"滤镜的参数设置及使用该滤镜前后的效果图如图 7-103 所示。

a）原图　　　　　b）参数设置

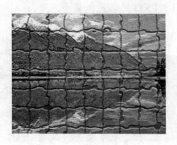

c）效果图

图 7-103　"马赛克拼贴"滤镜

（6）"龟裂缝"滤镜　"龟裂缝"滤镜可模拟将图像绘制在向上高凸的石膏表面上，并根据图像等高线生成精细的网状裂缝。使用此滤镜可以对包含多种颜色值或灰度值的图像创建浮雕效果。"龟裂缝"滤镜参数设置及使用该滤镜前后的效果图如图 7-104 所示。

a）原图　　　　　b）参数设置

c）效果图

图 7-104　"龟裂缝"滤镜

10. "艺术效果"滤镜组

"艺术效果"滤镜组中的滤镜主要用于处理计算机绘制的图像，为其添加特殊效果，使图像看起来如手工绘制的一样。

（1）"塑料包装"滤镜　"塑料包装"滤镜可给图像蒙上一层光亮的塑料，以强调图像的表面细节，如图 7-105 所示。

a）原图　　　　　b）参数设置

c）效果图

图 7-105　"塑料包装"滤镜

（2）"壁画"滤镜　"壁画"滤镜可以一种粗糙的风格绘制图像，产生古壁画的效果，如图 7-106 所示。

（3）"干画笔"滤镜　"干画笔"滤镜可用来绘制介于油画和水彩画之间的图像，如图 7-107 所示。

a）原图　　　　　b）参数设置

c）效果图

图 7-106　"壁画"滤镜

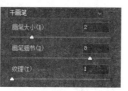

a）原图　　　　　b）参数设置

c）效果图

图 7-107　"干画笔"滤镜

（4）"彩色铅笔"滤镜　"彩色铅笔"滤镜可保留图像中重要的颜色边缘，使外观呈粗糙阴影线，并使图像透过比较平滑的区域显示出来，如图 7-108 所示。

a）原图　　　　　b）参数设置

c）效果图

图 7-108　"彩色铅笔"滤镜

（5）"木刻"滤镜　"木刻"滤镜可使图像看上去像是由从彩纸上剪下的边缘粗糙的剪纸片组成。高对比度的图像看起来呈剪影状，而彩色图像看上去像是由几层彩纸组成。"木刻"滤镜参数设置及使用该滤镜前后的效果图如图 7-109 所示。

a）原图　　　　　b）参数设置

c）效果图

图 7-109　"木刻"滤镜

（6）"水彩"滤镜 "水彩"滤镜可以水彩的风格绘制图像，简化图像细节，就如使用蘸了水和颜色的中号画笔绘制的图像。当图像边缘有显著的色调变化时，此滤镜会使颜色饱满。"水彩"滤镜参数设置及使用该滤镜前后的效果图如图 7-110 所示。

a）原图　　　　　　　b）参数设置

c）效果图

图 7-110 "水彩"滤镜

（7）"海绵"滤镜 "海绵"滤镜使用颜色对比强烈、纹理较重的区域创建图像，使图像看上去好像是用海绵绘制的，如图 7-111 所示。

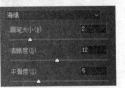

a）原图　　　　　　　b）参数设置

c）效果图

图 7-111 "海绵"滤镜

（8）"粗糙蜡笔"滤镜 "粗糙蜡笔"滤镜可模拟使用彩色蜡笔在带有纹理的背景上作画的效果。使用此滤镜在处理图像时，会根据图像的亮度和色彩信息，模拟出不同区域蜡笔涂抹的厚重感和纹理显露的程度。在亮色区域，滤镜会让蜡笔的颜色看起来更加浓郁，几乎完全遮盖住下方的纹理，使得这些区域的颜色饱满且富有层次感；而在深色区域，滤镜则会模拟出蜡笔被擦去或涂抹较薄的效果，使得下方的纹理逐渐显露出来，增加了图像的细节和质感。"粗糙蜡笔"滤镜参数设置及使用该滤镜前后的效果图如图 7-112 所示。

a）原图　　　　　　　b）参数设置

c）效果图

图 7-112 "粗糙蜡笔"滤镜

（9）"胶片颗粒"滤镜 "胶片颗粒"滤镜可将平滑图案应用于图像的阴影色调和中间色调，并将一种更平滑、饱和度更高的图案添加到图像的亮区。在消除混合的条纹和将各种来源的图素在视觉上进行统一时，此滤镜非常有用。"胶片颗粒"滤镜参数设置及使用该滤镜前后的效果图如图 7-113 所示。

　　a）原图　　　　　　　b）参数设置

c）效果图

图 7-113　"胶片颗粒"滤镜

（10）"霓虹灯光"滤镜　"霓虹灯光"滤镜可将各种类型的发光添加到图像中的对象上。该滤镜在柔化图像外观、给图像着色时很有用。"霓虹灯光"滤镜参数设置及使用该滤镜前后的效果图如图 7-114 所示。若要选择发光颜色，单击对话框中的颜色框，然后从拾色器中选择一种颜色即可。

　　a）原图　　　　　　　b）参数设置

c）效果图

图 7-114　"霓虹灯光"滤镜

（11）"底纹效果"滤镜　"底纹效果"滤镜可模拟将选择的纹理与图像相互融合在一起的效果，如图 7-115 所示。在该滤镜的对话框中，"画笔大小"选项可控制结果图像的亮度，"纹理覆盖"选项可控制纹理与图像融合的强度，"凸现"选项可调节纹理的凸起效果，选中"反相"复选框可反转纹理表面的亮色和暗色。

　　a）原图　　　　　　　b）参数设置

c）效果图

图 7-115　"底纹效果"滤镜

（12）"调色刀"滤镜　"调色刀"滤镜可降低图像的细节并淡化图像，使图像呈现出绘制在湿润的画布上的效果，如图 7-116 所示。在该滤镜的对话框中，"描边细节"选项可控制线条刻画的强度，"软化度"选项可淡化色彩间的边界。

（13）"海报边缘"滤镜　"海报边缘"滤镜可使用黑色线条绘制图像的边缘，如图 7-117 所示。在该滤镜的对话框中，"边缘

a）原图   b）参数设置

c）效果图

图 7-116 "调色刀"滤镜

a）原图   b）参数设置

c）效果图

图 7-117 "海报边缘"滤镜

厚度"选项可调节边缘绘制的柔和度，"边缘强度"选项可调节边缘绘制的对比度，"海报化"选项可控制图像的颜色数量。

（14）"绘画涂抹"滤镜 "绘画涂抹"滤镜可使用指定的画笔类型涂抹图像，如图 7-118 所示。

a）原图   b）参数设置

c）效果图

图 7-118 "绘画涂抹"滤镜

（15）"涂抹棒"滤镜 "涂抹棒"滤镜可用对角线描边涂抹图像的暗区以柔化图像，如图 7-119 所示。

11. "锐化"滤镜组

"锐化"滤镜主要通过增强相邻像素间的对比度来聚焦模糊的图像，获得清晰的效果。

（1）"USM 锐化"滤镜 "USM 锐化"是在图像处理中用于锐化边缘的传统胶片复合技术。"USM 锐化"滤镜可矫正摄影、扫描、重新取样或打印过程中产生的模糊图像。它对既用于打印又用于联机查看的图像很有用。

a）原图　　　　　b）参数设置

c）效果图

图 7-119　"涂抹棒"滤镜

a）原图

b）参数设置

"USM 锐化"滤镜可按指定的阈值定位不同于周围像素的像素，并按指定的数量增加像素的对比度。此外，用户还可以指定与每个像素相比较的区域半径。"USM 锐化"滤镜参数设置及使用该滤镜前后的效果图如图 7-120 所示。

（2）"智能锐化"滤镜　使用"智能锐化"滤镜时，用户可以选择锐化算法，在高级模式下，用户还可以分别对阴影和高光区域的锐化参数进行设置以达到最佳的锐化效果。

下面用"智能锐化"滤镜对图 7-121 所示的图像进行锐化。

c）效果图

图 7-120　"USM 锐化"滤镜

图 7-121　原图

执行"滤镜"→"锐化"→"智能锐化"命令，打开"智能锐化"对话框，设置参数如图 7-122 所示。设置较小的半径，能更好地对细节进行锐化。

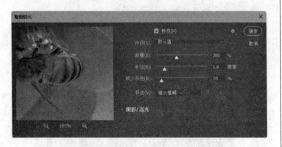

图 7-122　"智能锐化"对话框参数设置

单击"确定"按钮，完成图像锐化。锐化前后图像局部的对比如图 7-123 所示。

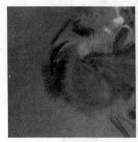

a）锐化前　　　　　　b）锐化后

图 7-123　锐化前后图像局部对比

在"智能锐化"对话框中的"移去"下拉列表中可选取锐化的方式，如高斯模糊、镜头模糊和动感模糊，用户可根据图像模糊的方式来选取相应的锐化方式。在"阴影 / 高光"卷展栏中还可对阴影和高光的参数进行详细设置，以达到最佳锐化效果，如图 7-124 所示。

（3）"锐化"滤镜和"进一步锐化"滤镜　"锐化"滤镜和"进一步锐化"滤镜的主要功能都是提高相邻像素点之间的对比度，使图像清晰，其不同之处在于"进一步锐化"滤镜比"锐化"滤镜的效果更为强烈。

图 7-124　对阴影和高光的参数进行详细设置

（4）"锐化边缘"滤镜　"锐化边缘"滤镜会自动查找图像中颜色发生显著变化的区域，然后将其锐化，从而得到较清晰的效果。该滤镜只锐化图像的边缘，同时保留总体的平滑度，不会影响图像的细节。

12. "风格化"滤镜组

"风格化"滤镜组中的滤镜可通过置换像素和通过查找并增加图像的对比度，在图像中产生绘画或印象派的效果。

（1）"凸出"滤镜　"凸出"滤镜可给图像添加一种特殊的 3D 纹理，它能够将图像分成一系列大小相同且有机重叠放置的立方体或锥体，如图 7-125 所示。

在"凸出"对话框中可设置凸出纹理的类型（"块"或"金字塔"即锥形）、大小、深度及其产生方式（"随机"或"基于色阶"）。此外，还可通过选择下方的两个复选框来设置纹理的显示方式，选中"立方体正面"复选框，则图像将失去原有的轮廓，在生成的立方体上只显示单一的颜色；选中"蒙版不完整块"复选框，则在生成的图像中将不完全显示立方体纹理。

a）原图

b）参数设置

c）效果图

图 7-125　"凸出"滤镜

a）原图　　　　　　b）参数设置

c）效果图

图 7-126　"扩散"滤镜

（2）"扩散"滤镜　"扩散"滤镜可根据设置的方式移动图像中的像素。该滤镜对话框中有 4 种扩散模式，"正常"模式，可忽略图像颜色值，使像素随机移动；"变暗优先"模式，可用较暗的像素替换图像中较亮的像素；"变亮优先"模式，可用较亮的像素替换图像中较暗的像素；"各向异性"模式，可在颜色值变化最小的方向上移动像素。"扩散"滤镜参数设置及使用该滤镜前后的效果图如图 7-126 所示。

（3）"拼贴"滤镜　"拼贴"滤镜可为图像添加拼贴效果，如图 7-127 所示。在该滤镜对话框中可设置用背景色、前景颜色、反向图像或未改变的图像来填充拼贴之间的区域。

（4）"查找边缘"滤镜　"查找边缘"滤镜主要用于搜索颜色像素对比度变化强烈的边界，用相对于白色背景的黑色线条勾勒图像的边缘，如图 7-128 所示。

a）原图   b）参数设置

c）效果图

图 7-127 "拼贴"滤镜

a）原图   b）效果图

图 7-128 "查找边缘"滤镜

（5）"浮雕效果"滤镜 "浮雕效果"滤镜可将图像转变为灰色，并用原图像的颜色来描绘边缘，产生浮雕效果，如图 7-129 所示。在该滤镜对话框中可设置光源的角度、浮雕的高度和数量等参数。

a）原图

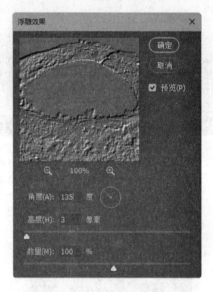

b）参数设置

c）效果图

图 7-129 "浮雕效果"滤镜

（6）"照亮边缘"滤镜 "照亮边缘"滤镜可搜索主要颜色变化区域，加强其过渡像素，产生轮廓发光的效果，如图 7-130 所示。在该滤镜对话框中可设置"边缘宽度""边缘亮度"和"平滑度"选项。

a）原图

b）参数设置

c）效果图

图 7-130　"照亮边缘"滤镜

（7）"等高线"滤镜　"等高线"滤镜可查找图像中颜色变化明显的区域，并为每个颜色通道勾勒出等高线的效果，如图 7-131 所示。

在"等高线"对话框的"色阶"文本框中输入数值或拖动下方的滑块可指定色阶区域。指定色阶区域后，在"边缘"选项组中选中"较低"单选按钮，则勾勒像素的颜色值将低于指定色阶区域的颜色值；若选中"较高"单选按钮，则勾勒像素的颜色值将高于指定色阶区域的颜色值。

a）原图

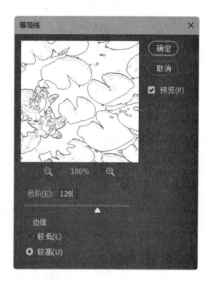

b）参数设置

c）效果图

图 7-131　"等高线"滤镜

（8）"风"滤镜　"风"滤镜可在图像中生成细小的水平线条来模拟风的效果。在该滤镜的对话框中可设置风的"方向"（"从左"或"从右"）和三种起风的方法："风""大风"（用于获得生动的风效果）和"飓风"（使图像中风线条发生偏移）。

"风"滤镜参数设置及使用该滤镜前后的效果图如图 7-132 所示。

a）原图

b）参数设置

c）效果图

图 7-132 "风"滤镜

13."视频"滤镜组

"视频"滤镜组中包含"NTSC 颜色"滤镜和"逐行"滤镜。

（1）"NTSC 颜色"滤镜 "NTSC 颜色"滤镜可将色域限制在电视机重现可接受的范围内，以防止过饱和颜色渗到电视扫描行中。

（2）"逐行"滤镜 "逐行"滤镜可通过移去视频图像中的奇数或偶数隔行线，使在视频上捕捉的运动图像变得平滑。用户可以通过复制或插值来替换去掉的线条。

14."其他"滤镜组

"其他"滤镜组中的滤镜允许用户创建自己的滤镜，使用滤镜修改蒙版，在图像中使选区发生位移和快速调整颜色等。

（1）"高反差保留"滤镜 "高反差保留"滤镜可按指定的半径保留图像边缘的细节，如图 7-133 所示。

（2）"位移"滤镜 "位移"滤镜可将选区内的图像按指定的水平量或垂直量进行移动，使选区的原位置变成空白区域。用户可以用当前背景色、图像的边缘像素填充这块区域，如果选区靠近图像边缘，也可以使用被移出图像的部分对其进行填充（折回）。"位移"滤镜参数设置及使用该滤镜前后的效果图如图 7-134 所示。

（3）"最大值"滤镜和"最小值"滤镜 "最大值"滤镜可用于加强图像的亮部色调，削弱暗部色调；"最小值"滤镜刚好相反，它可加强图像的暗部色调，削弱亮部色调。

（4）"自定"滤镜 "自定"滤镜使用户可以设计自己的滤镜效果。使用"自定"滤镜，可以根据预定义的数学运算（称为卷积），

a）原图

a）原图

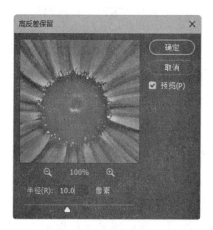

b）参数设置

b）参数设置

c）效果图

图 7-133 "高反差保留"滤镜

c）效果图

图 7-134 "位移"滤镜

更改图像中每个像素的亮度值，还可以根据周围的像素值为每个像素重新指定一个值。此操作与通道的加、减计算类似。"自定"对话框如图 7-135 所示。

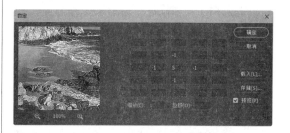

图 7-135 "自定"对话框

"自定"对话框的中间为一个 5×5 的矩阵，正中间的格子代表要处理的目标像素，其余的格子则代表它周围相对应的像素。格子内的数值为每个像素的参数值，参数的大小代表这个像素的色调对目标像素的影响力的大小，其变化范围为 −999 ～ 999。

利用"自定"滤镜可以创建浮雕、锐化和模糊等效果。该滤镜功能非常强大，读者可在实践中尝试，创建符合自己需要的滤镜效果。

7.1.3　外挂滤镜

为 Photoshop 而设计的外挂滤镜种类繁多，这些外挂滤镜各有特点，使用起来非常方便，使用户能够便捷地制作各种特殊效果。

在使用某个外挂滤镜之前，必须先安装该滤镜。对于不带安装程序的滤镜，用户只需将其对应的文件复制到 Program Files\Adobe\Photoshop 2024\ Plug-Ins 文件夹中即可。对于带有安装程序的滤镜，在安装时必须将其安装路径设置为 Program Files\Adobe\Photoshop 2024\Plug-Ins。安装好外挂滤镜之后，启动 Photoshop 2024，这些滤镜即可出现在"滤镜"菜单中，此时用户可像使用 Photoshop 自带滤镜那样使用它们。

下面介绍几种常用的外挂滤镜。

1."KPT6"滤镜

"KPT6"滤镜是 Photoshop 外挂滤镜中最为独特的滤镜，其操作界面经过了精心设计，简洁耐看。下面介绍"KPT 6"滤镜中比较有特色的几种滤镜。

（1）"KPT Goo"滤镜　"KPT Goo"滤镜

如图 7-136 所示，它类似于"液化"命令（见7.1.1 中的"2.'液化'命令"），可在图像中产生液体流动的效果。

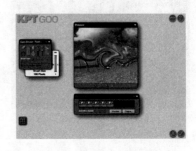

图 7-136　"KPT Goo"滤镜

在图中左侧的"Goo Brush"对话框中可设置笔刷的尺寸、流量及制作漩涡和扩展、收缩效果时的变形速度。当生成一种图像状态时，可单击下方的电影胶片方格，将其定义为动画的一帧，定义若干帧后，单击"Preview"按钮，可连续地播放多帧组成的动画剪辑。若相邻两帧的图像差异较大，系统将自动为其创建过渡，使动画能够流畅地播放。但是，Photoshop 只能得到静态的图像。用户可以在动画的若干帧中选出满意的效果，然后单击右下方的 ⊘ 按钮应用滤镜，也可单击 ⊗ 按钮取消滤镜操作。

（2）"KPT LensFlare"滤镜　"KPT Lens-Flare"滤镜如图 7-137 所示，它可用于为图像添加光晕效果，类似于镜头光晕滤镜。

图 7-137　"KPT LensFlare"滤镜

单击图中左下角的 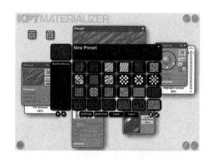 按钮，将打开如图 7-138 所示的对话框，从中可选择 KPT 滤镜自带的各种光晕类型。

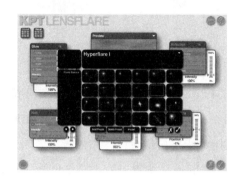

图 7-138 选择光晕类型

（3）"KPT Materializer" 滤镜 "KPT Materializer" 滤镜如图 7-139 所示，它可将各种材质的纹理应用到图像当中，为图像表面制作浮雕、变形、染色、反射和散射等多种纹理效果。

图 7-139 "KPT Materializer" 滤镜

预览图中的灰色矩形框定义了左侧 "Material" 对话框的预览区域，将鼠标指针移至预览图中单击并拖动可改变其位置。

单击左下角的 按钮，将打开如图 7-140 所示的对话框，从中可选择 KPT 滤镜自带的各种类型的纹理，也可载入用户自定义的纹理。

图 7-140 选择纹理类型

（4）"KPT Projector" 滤镜 "KPT Projector" 滤镜如图 7-141 所示，它是一个集成的 2D 和 3D 变形工具。利用滤镜中提供的各种工具，用户可以任意地对图像进行 2D 扭曲变形和 3D 透视变换。

若选中 "Parameters" 对话框中的 "Tiling" 选项，该滤镜将以选区中的图像为模板拼合图像，如图 7-141 所示。单击左下角的 按钮，将打开一对话框，用户可从中选择 KPT 自带的各种变形模板。

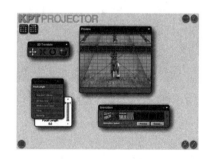

图 7-141 "KPT Projector" 滤镜

2. "Eye Candy 4000" 滤镜

"Eye Candy" 滤镜也是常用的外挂滤镜之一，"Eye Candy 4000" 滤镜是其比较新的版本。

"Eye Candy 4000" 滤镜就如一个小型的图像处理软件，它具有自己的窗口和菜单。

"Eye Candy 4000" 滤镜具有 20 余种滤镜

命令，每个命令都有各自的特点。下面通过实例简单介绍部分滤镜的用途。

（1）"Bevel Boss"滤镜 "Bevel Boss"滤镜可产生斜面浮雕的玻璃效果，如图 7-142 所示。

a）原图　　　　　　b）效果图

图 7-142 "Bevel Boss"滤镜

（2）"Chrome"滤镜 "Chrome"滤镜可为图像添加金属质感的立体边框，如图 7-143 所示。其中，边框的颜色、厚度、光泽度等均可在"Eye Candy 4000"窗口左侧的属性页上设置。

a）原图　　　　　　b）效果图

图 7-143 "Chrome"滤镜

（3）"Corona"滤镜 该滤镜可在选区的图像边缘产生柔和的放射状波纹，如图 7-144 所示。波纹的颜色、扩展范围、扭曲度、模糊程度和不透明度均可调节。

提示
在使用"Corona"滤镜前必须先制作选区，或者在图像中存在不透明区域时该滤镜才可用。

a）原图　　　　　　b）效果图

图 7-144 "Corona"滤镜

（4）"Cutout"滤镜 "Cutout"滤镜的作用是将选区内的内容剪切掉，再在底层填充用户指定的颜色，并添加投影效果，如图 7-145 所示。其实，手工操作也能完成这一功能，具体步骤如下：删除选区内容，新建图层（在原图层之下），填充颜色，为原图层添加投影效果，合并图层。手工操作共 5 个步骤，而使用"Cutout"滤镜命令一步就能完成，这就是使用滤镜的好处。

a）原图　　　　　　b）效果图

图 7-145 "Cutout"滤镜

（5）"Drip"滤镜 "Drip"滤镜可模拟黏性液体沿物体表面滑下的效果，如图 7-146 所示。液滴的颜色、大小、长度和光亮度等均可调节。

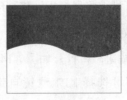 

a）原图　　　　　　b）效果图

图 7-146 "Drip"滤镜

（6）"Fire"滤镜　"Fire"滤镜可在选区上部产生火焰效果，如图 7-147 所示。

a）原图　　　　　　　b）效果图

图 7-147　"Fire"滤镜

（7）"Glass"滤镜　"Glass"滤镜可为图像添加玻璃效果，使图像看起来就如被压在玻璃下一样，如图 7-148 所示。玻璃的颜色、厚度、平滑度、不透明度及其轮廓均可调节。

a）原图　　　　　　　b）效果图

图 7-148　"Glass"滤镜

（8）"Jiggle"滤镜　"Jiggle"滤镜可使选区内图像发生扭曲。可以选择"Bubbles""Brownian Motion""Turbulence"三种扭曲方式，并可设置扭曲数量等参数。

图 7-149 所示为选择"Brownian Motion"方式，使用"Jiggle"滤镜前后的效果图。

a）原图　　　　　　　b）效果图

图 7-149　"Jiggle"滤镜

（9）"Marble"滤镜　"Marble"滤镜可生成大理石纹理，如图 7-150 所示。

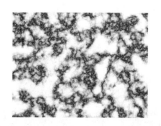

图 7-150　"Marble"滤镜

提示
"Marble"滤镜不需要对图像进行处理。

（10）"Star"滤镜　"Star"滤镜可在图像中生成星形，如图 7-151 所示。星形角的数目、大小、位置及颜色均可调节。

图 7-151　"Star"滤镜

（11）"Swirl"滤镜　"Swirl"滤镜可在图像中产生紊乱的漩涡效果，如图 7-152 所示。

a）原图　　　　　　　b）效果图

图 7-152　"Swirl"滤镜

（12）"Water Drops"滤镜 "Water Drops"滤镜可在图像中生成液滴，产生透过液体观察图像的效果。液滴可以是圆球形，也可以是无规则形状，如图 7-153 所示。液滴的颜色、大小、数量、不透明度和光泽度等均可调节。

a）原图　　　　b）效果图

图 7-153 "Water Drops"滤镜

（13）"Weave"滤镜 "Weave"滤镜是非常有特色的一个滤镜，它可以当前图像为模板生成编织纹理，就如将图像映射到有编织纹理的材质上一样，如图 7-154 所示。纹理的大小、粗糙度、明暗度和纹理缝隙的填充颜色等均可调节。

a）原图

b）效果图

图 7-154 "Weave"滤镜

（14）"Wood"滤镜 "Wood"滤镜可生成木质纹理，如图 7-155 所示。纹理的颜色、扭曲形状、杂点的数目及大小等参数均可调节。和"Marble"滤镜一样，"Wood"滤镜也不需要对图像进行处理。

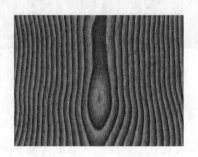

图 7-155 "Wood"滤镜

7.2 滤镜的应用

滤镜的用途很广泛，无论是用 Photoshop 对图像进行后期处理，还是进行图像创作，几乎都要用到滤镜命令。滤镜就如一个变戏法的魔术师，它隐藏了许多用户看不见的操作细节，仅仅通过一个简单的命令，就可将结果呈现给用户，因此给用户带来了极大的方便。其实，许多滤镜命令生成的效果也可通过手工操作来完成，但这样做将耗费大量的工作时间，也没有必要。因此，领会滤镜的功能，熟练掌握滤镜的操作，是用好 Photoshop 的关键。

滤镜的种类很多，每个滤镜都有自己的独特功能。但是，一个滤镜的功能还是过于单一，制作一幅完整的作品往往需要使用多个滤镜。因此读者应该熟悉各种滤镜的使用方法，在实践中多加练习，学会根据不同的需要使用不同的滤镜。如果能做好这一点，就能比较熟练地操作 Photoshop 了。

图 7-156 所示的图像为笔者早期的一幅作品（bodybo 为笔者的别名）。该作品的制作非常简单，主要使用了 Photoshop 自带的滤镜和外挂"Eye Candy"滤镜中的部分命令，完成后的效果还是差强人意的。

图 7-156　图像一

图 7-157 所示的图像也是一幅主要使用滤镜命令完成的作品，其中的背景图案和数字的动感效果都是使用 Photoshop 自带的滤镜完成的。

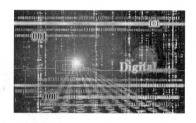

图 7-157　图像二

在前面的章节中已经介绍了部分滤镜及其在实际中的应用。但由于滤镜的种类太多，每个滤镜的用途无法全部涉及，因此这里只能通过实例介绍部分常用滤镜的应用。

7.2.1　背景

下面介绍图 7-157 所示图像的背景的制作方法。

1）新建一幅 400×300 的 RGB 图像，背景设置为黑色，如图 7-158 所示。

图 7-158　新建图像

2）执行"滤镜"→"杂色"→"添加杂色"命令，添加杂色的参数设置和结果如图 7-159 所示。

图 7-159　添加杂色的参数设置和结果

3）执行"滤镜"→"滤镜库"命令，打开"滤镜库"对话框，选择"纹理"中的"颗粒"选项，在"颗粒类型"下拉列表中选

择"垂直"，添加颗粒纹理的参数设置和结果
如图 7-160 所示。

图 7-160　添加颗粒纹理的参数设置和结果

4）执行"滤镜"→"滤镜库"命令，打
开"滤镜库"对话框，选择"素描"中的
"水彩画纸"选项，使用"水彩画纸"滤镜的
参数设置和结果如图 7-161 所示。

图 7-161　使用"水彩画纸"滤镜参数设置和结果

5）执行"图像"→"调整"→"色阶"
命令，调整图像的色阶，参数设置和结果如
图 7-162 所示。

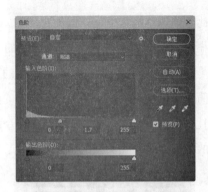

图 7-162　调整色阶的参数设置和结果

6）执行"图像"→"调整"→"色
相 / 饱和度"命令，调整图像颜色，参数设
置（注意选中"着色"复选框）和结果如
图 7-163 所示。

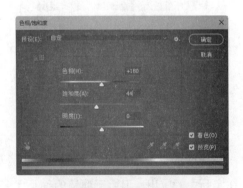

图 7-163　调整图像颜色的参数设置和结果

7.2.2　木版画

利用滤镜可以制作在木版上刻画的效果，如图 7-164 所示。下面通过实例介绍如何利用"渲染""杂色"等滤镜制作木质纹理，以及利用"风格化""纹理"等滤镜模拟刻画效果。

图 7-164　木版画

1）新建一幅 450×450 的 RGB 图像，背景设置为透明，如图 7-165 所示。

图 7-165　新建图像

2）设置前景色的 R 为 247、G 为 148、B 为 29，背景色的 R 为 96、G 为 57、B 为 19，然后执行"滤镜"→"渲染"→"云彩"命令，结果如图 7-166 所示。

图 7-166　使用"云彩"滤镜的结果

3）执行"滤镜"→"杂色"→"添加杂色"命令，"添加杂色"滤镜的对话框参数设置和结果如图 7-167 所示。

图 7-167　"添加杂色"滤镜的参数设置和结果

4）执行"滤镜"→"模糊"→"动感模糊"命令，"动感模糊"滤镜的对话框参数设置和结果如图 7-168 所示。

5）制作一个矩形选区，然后执行"滤镜"→"扭曲"→"旋转扭曲"命令，"旋转扭曲"滤镜的对话框参数设置和结果如图 7-169 所示。至此，主图（木版）制作完成。

6）打开如图 7-170 所示的素材图像。

7）执行"滤镜"→"风格化"→"查找边缘"命令，使用"查找边缘"滤镜的结果如图 7-171 所示。

图 7-168 "动感模糊"滤镜的参数设置和结果

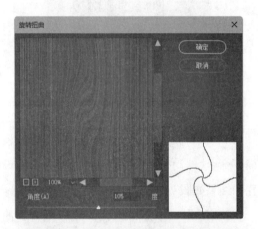

图 7-169 "旋转扭曲"滤镜的参数设置和结果

图 7-170 素材图像

图 7-171 使用"查找边缘"滤镜的结果

8）选择"图像"→"模式"→"灰度"菜单，将图像转换为灰度模式，结果如图 7-172 所示。

图 7-172 将图像转换为灰度模式

9）执行"图像"→"调整"→"色阶"命令，适当调整色阶，减少杂色，结果如图 7-173 所示。

图 7-173　调整色阶

10）将此灰度模式的文件存储为 PSD 格式的文件。

11）回到主图（木版），执行"滤镜"→"滤镜库"，打开"滤镜库"对话框，选择"纹理"中的"纹理化"选项，单击"纹理"下拉列表右侧的 ▼≡ 按钮，选择"载入纹理"选项，载入刚存储的 PSD 文件。"纹理化"滤镜的对话框参数设置和结果如图 7-174 所示。

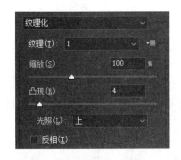

图 7-174　"纹理化"滤镜的参数设置和结果

7.2.3　黏液

这个实例将介绍如何利用滤镜制作如图 7-175 所示的流动的黏液。

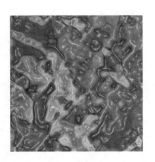

图 7-175　流动的黏液

1）新建一幅 400×400 的 RGB 图像，背景设置为透明，如图 7-176 所示。

图 7-176　新建图像

2）按 D 键设置前景色和背景色为黑色和白色，然后执行"滤镜"→"渲染"→"云彩"命令，使用"云彩"滤镜的结果如图 7-177 所示。

图 7-177　使用"云彩"滤镜的结果

3）执行"图像"→"调整"→"色阶"命令，调整色阶。"色阶"对话框参数设置和调整结果如图 7-178 所示。

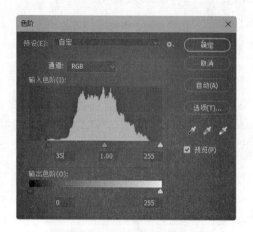

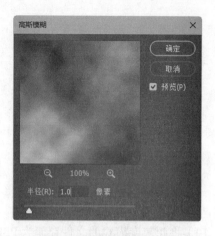

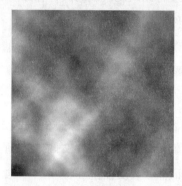

图 7-179 "高斯模糊"滤镜的参数设置和结果

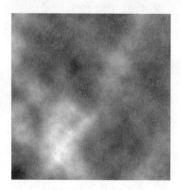

图 7-178 "色阶"对话框参数设置和调整结果

4）执行"滤镜"→"模糊"→"高斯模糊"命令，"高斯模糊"滤镜的对话框参数设置和结果如图 7-179 所示。

5）执行"滤镜"→"滤镜库"，打开"滤镜库"对话框，选择"素描"中的"铬黄渐变"选项，"铬黄渐变"滤镜的对话框参数设置和结果如图 7-180 所示。

6）执行"滤镜"→"滤镜库"，打开"滤镜库"对话框，选择"艺术效果"中的"塑料包装"选项，"塑料包装"滤镜的对话框参数设置和结果如图 7-181 所示。

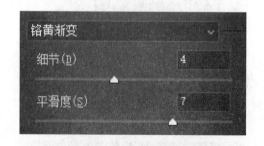

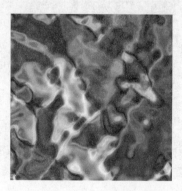

图 7-180 "铬黄渐变"滤镜的参数设置和结果

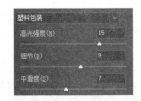

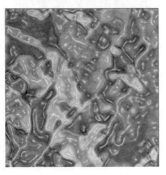

图 7-181　"塑料包装"滤镜的参数设置和结果

7）执行"图像"→"调整"→"色相/饱和度"命令，给图像着色（注意选中"着色"复选框）。图 7-182 所示为两种不同的参数设置及其结果。

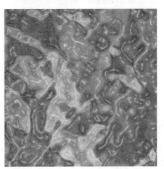

b）参数设置 2 及其结果

图 7-182　给图像着色（续）

7.2.4　桌面

这个实例将介绍如何利用滤镜制作如图 7-183 所示的简洁唯美的桌面。图中"白玫瑰"的形状和文字的动感效果主要用"模糊"滤镜制作完成。

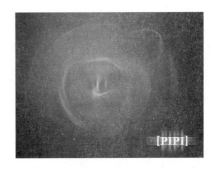

图 7-183　桌面

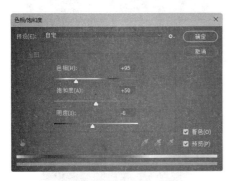

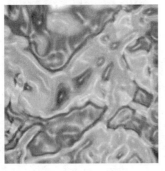

a）参数设置 1 及其结果

图 7-182　给图像着色

1）新建一幅 600×450 的 RGB 图像，背景设置为透明，如图 7-184 所示。

图 7-184　新建图像

2）给图像填充深蓝色，如图 7-185 所示。

图 7-185　填充深蓝色

3）执行"滤镜"→"渲染"→"光照效果"命令，"光照类型"选择"点光"选项，添加光照效果，"属性"参数设置和结果如图 7-186 所示。

图 7-186　添加光照效果的"属性"
参数设置和结果

4）复制"图层 1"，将生成的"图层 1 拷贝"放置于"图层 1"之下，并将其作为背景图层。对"图层 1"执行"滤镜"→"滤镜库"命令，打开"滤镜库"对话框，选择"纹理"中的"拼缀图"选项，为图像添加拼缀图纹理。"拼缀图"滤镜的参数设置和结果如图 7-187 所示。

5）执行"滤镜"→"模糊"→"动感模糊"命令，然后将"图层 1"的不透明度设置为 15%。"动感模糊"滤镜的对话框参数设置和结果如图 7-188 所示。

图 7-187　"拼缀图"滤镜的参数设置和结果

图 7-188 "动感模糊"滤镜的参数设置和结果

6）下面开始制作"白玫瑰"。新建"图层 2"，制作如图 7-189 所示的椭圆选区。

图 7-189 制作椭圆选区

7）执行"编辑"→"描边"命令，以 2 个像素宽度的白色描边选区，结果如图 7-190 所示。

图 7-190 描边选区

8）取消选区，执行"滤镜"→"模糊"→"径向模糊"命令，选择"旋转"方式，对图像应用"径向模糊"滤镜，然后按 Ctrl+F 组合键再次应用该滤镜。"径向模糊"滤镜的对话框参数设置和结果如图 7-191 所示。

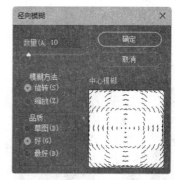

图 7-191 "径向模糊"滤镜的参数设置和结果

9）重复以上步骤，制作椭圆选区时适当改变其大小和方向，然后合并这些图层，完成"白玫瑰"的制作，结果如图 7-192 所示。要说明的是，为避免不必要的重复操作，可将"描边"和"径向模糊"命令录制为一个动作。

图 7-192　制作"白玫瑰"

10）观察图像，发现背景颜色和"白玫瑰"融合得不太好，此时可适当调整背景的"色阶"及"曲线"，结果如图 7-193 所示。

图 7-193　调整背景的"色阶"和"曲线"后的结果

11）在画面的右下角输入文字，这里输入的是"[PIPI]"，如图 7-194 所示。

图 7-194　输入文字

12）栅格化文字图层为普通图层，用矩形选择工具选中"PIPI"，然后在选区内右击，选择"通过剪切的图层"命令，将"PIPI"放入另外一个新图层中。将"PIPI"稍稍下移，并复制两个副本放置于该图层之下，此时图像和"图层"控制面板如图 7-195 所示。

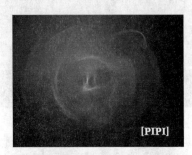

图 7-195　复制"PIPI"图层后的图像和"图层"控制面板

13）对"PIPI 拷贝"图层执行"滤镜"→"模糊"→"动感模糊"命令，"角度"设置为 0 度。"动感模糊"滤镜的参数设置和结果如图 7-196 所示。

14）对"PIPI 拷贝 2"图层执行"滤镜"→"模糊"→"动感模糊"命令，"角度"设置为 90 度。"动感模糊"滤镜的参数设置和结果如图 7-197 所示。至此，桌面制作完成。

图 7-196 对 "PIPI 拷贝" 图层应用 "动感模糊"
滤镜的参数设置和结果

图 7-197 对 "PIPI 拷贝 2" 图层应用 "动感模糊"
滤镜的参数设置和结果

7.2.5 界面

在 "2.3.5 汽车变色" 的实例中已经见到
过如图 7-198 所示的这个界面。下面介绍它
的制作过程。

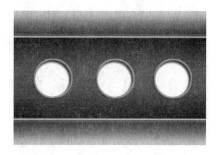

图 7-198 界面

1）新建一幅 500×340 的 RGB 图像，背
景图层设置为白色，并制作如图 7-199 所示
的矩形选区。

图 7-199 新建图像并制作选区

2）新建 "图层 1"，用渐变工具制作渐变
效果，如图 7-200 所示。

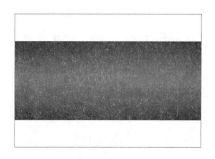

图 7-200 制作渐变效果

3）下面开始制作纹状效果。首先对"图层1"执行"滤镜"→"杂色"→"添加杂色"命令，"添加杂色"滤镜的参数设置和结果如图 7-201 所示。

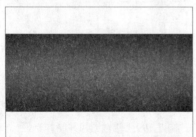

图 7-201 "添加杂色"滤镜的参数设置和结果

4）执行"滤镜"→"模糊"→"动感模糊"命令，"动感模糊"滤镜的参数设置和结果如图 7-202 所示。此时，纹状效果已基本显现出来。

5）为图像增加圆柱体效果。执行"图像"→"调整"→"曲线"命令，打开"曲线"对话框，参数设置和调整结果如图 7-203所示。也可根据实际操作适当调整曲线。

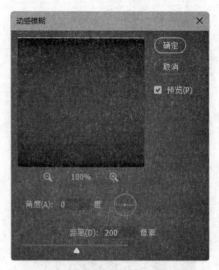

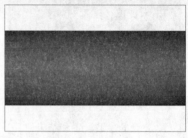

图 7-202 "动感模糊"滤镜的参数设置和结果

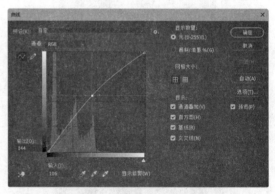

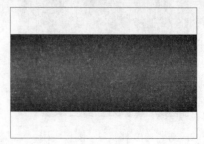

图 7-203 "曲线"调整的参数设置和结果

6）制作圆柱两边的部分。首先用魔棒工具选择图中上部的白色区域制作选区，如图 7-204 所示。

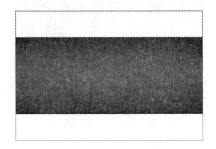

图 7-204 制作选区

7）新建"图层 2"，制作如图 7-205 所示的渐变效果（下面的颜色深些，接近圆柱边界的颜色）。

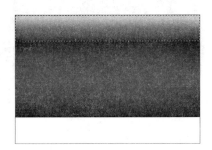

图 7-205 制作渐变效果

8）按照步骤 3）中的命令，给"图层 2"添加杂色，参数设置和结果如图 7-206 所示。

9）保持选区，执行"滤镜"→"模糊"→"动感模糊"命令，"动感模糊"滤镜的参数设置和结果如图 7-207 所示。

10）选择矩形选框工具，制作如图 7-208 所示的长条形选区。

11）新建"图层 3"。选择渐变工具，设置颜色由白渐变到黑，用对称渐变从选区中央向上或向下拉动制作小圆柱条，如图 7-209 所示。

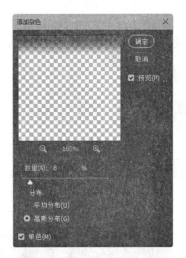

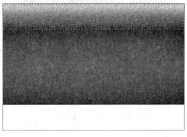

图 7-206 "添加杂色"滤镜的参数设置和结果

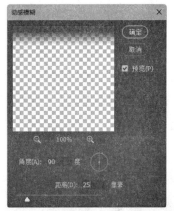

图 7-207 "动感模糊"滤镜的参数设置和结果

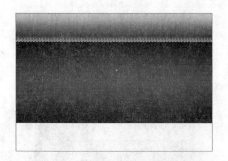

图 7-208　用矩形选框工具制作选区

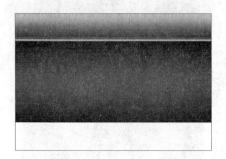

图 7-209　制作渐变效果

12）把"图层 3"合并到"图层 2"中（选中"图层 3"，按下 Ctrl+E 组合键或执行"图层"→"向下合并"命令），并复制"图层 2"，生成新的"图层 3"。对"图层 3"中的图像执行"编辑"→"变换"→"旋转 180度"命令，并将其移至下方白色位置，结果如图 7-210 所示。

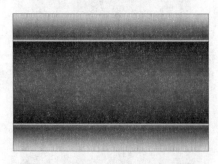

图 7-210　复制并变换图层

13）合并"图层 2"与"图层 3"（得到图层 2），执行"图像"→"调整"→"色彩平衡"命令，调整色彩，结果如图 7-211 所示。

图 7-211　调整色彩

14）用椭圆选框工具制作如图 7-212 所示的圆形选区。

图 7-212　用椭圆选框工具制作圆形选区

15）选中"图层 1"，按下 Delete 键删除选区内的内容，结果如图 7-213 所示。

图 7-213　删除"图层 1"选区内的内容

16）新建"图层 3"（原"图层 3"已合并到"图层 2"中），执行"编辑"→"描边"命令，对选区进行描边。"描边"对话框参数设置和描边结果如图 7-214 所示。

图 7-214 "描边"对话框参数设置和描边结果

17）双击"图层 3"，在"样式"下拉列表中选择"浮雕效果"选项，为该图层添加"斜面和浮雕"图层样式，结果如图 7-215 所示。

图 7-215 添加"斜面和浮雕"图层样式

18）重复步骤 15）～ 17），制作另两个圆，结果如图 7-216 所示。

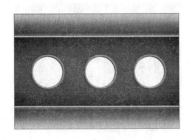

图 7-216 制作另两个圆

19）双击"图层 1"，给该图层添加"投影"图层样式。制作完成的界面如图 7-217 所示。

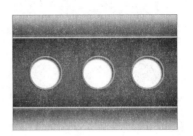

图 7-217 制作完成的界面

7.2.6 Fantastic world—— 图层、通道、路径、滤镜的综合运用

图 7-218 所示图像的制作过程涵盖了图层（如图层蒙版、图层样式）、通道（如 Alpha 通道存储选区）、路径（如使用型工具）和各种滤镜的应用，因此这是一个综合性的实例。

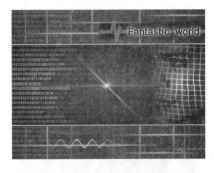

图 7-218 Fantastic world

通过这个实例，读者可以掌握几种滤镜的特殊用途（如使用"波浪"滤镜制作背景）和对光的一些处理技巧。此外，该实例在操作中对大部分命令均使用了快捷键来提高工作效率。

下面介绍图像的制作过程。

1）新建一幅 800×600 的 RGB 图像，背景设置为透明，如图 7-219 所示。

图 7-219　新建图像

2）以蓝色填充图像，如图 7-220 所示。

图 7-220　填充蓝色

3）用矩形选框工具制作如图 7-221 所示的选区。

图 7-221　制作矩形选区

4）新建"图层 2"，选择渐变工具，设置白色到蓝色渐变，并选择"对称"渐变方式，制作渐变图案，如图 7-222 所示。

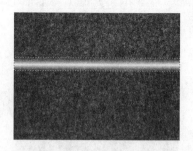

图 7-222　制作渐变

5）按 Ctrl+L 组合键，打开"色阶"对话框，调整色阶，如图 7-223 所示。

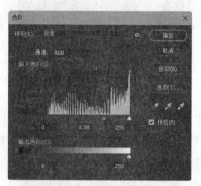

图 7-223　调整色阶

6）按 Ctrl+T 组合键，变换图像，并将其移至如图 7-224 所示的位置。

图 7-224　变换图像并移动位置

7）复制"图层 2"，得到其拷贝图层，然后将拷贝图层图像移至下方，再将该图层与"图层 2"合并，得到"图层 2"，此时图像如图 7-225 所示。

图 7-225　复制图像

8）用魔棒工具分别选取如图 7-226 和图 7-227 所示的两个区域，并存储于 Alpha1 通道和 Alpha2 通道。

图 7-226　制作并存储选区（一）

图 7-227　制作并存储选区（二）

9）执行"滤镜"→"渲染"→"光照效果"命令，选择"点光"，预设选择手电筒，为"图层 1"添加光照效果，如图 7-228 所示。

图 7-228　添加光照效果

10）执行"滤镜"→"扭曲"→"波浪"命令，弹出"波浪"对话框，"波浪"滤镜的参数设置和结果如图 7-229 所示。

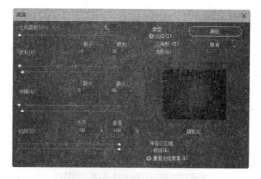

图 7-229　"波浪"滤镜的参数设置和结果

11）新建"图层 3"，选择画笔工具，在图中绘制如图 7-230 所示的浅蓝色竖直线条。

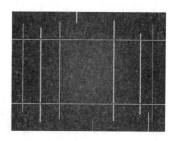

图 7-230　绘制竖直线条

12）执行"滤镜"→"模糊"→"动感模糊"命令，设置"角度"为90°、"距离"为200个像素。使用"动感模糊"滤镜后的效果如图7-231所示。

图7-231　使用"动感模糊"滤镜后的效果

13）执行"滤镜"→"模糊"→"高斯模糊"命令，设置模糊半径为1个像素。按住Ctrl键单击"图层3"，载入该图层选区，然后执行"选择"→"修改"→"收缩"命令，将选区收缩2个像素，再填充白色，如图7-232所示。

图7-232　收缩并填充选区

14）新建"图层4"，按上述方法制作水平线条（注意"动感模糊"的"角度"设置为0°），结果如图7-233所示。

图7-233　制作水平线条

15）合并"图层4"到"图层3"中，按Ctrl+U组合键，打开"色相/饱和度"对话框，调整色相及饱和度，如图7-234所示。

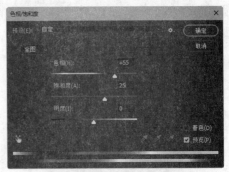

图7-234　调整色相及饱和度

16）按Ctrl+L组合键，打开"色阶"对话框，调整色阶，如图7-235所示。

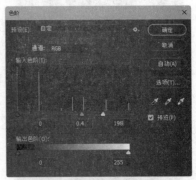

图7-235　调整色阶

17）复制"图层 3"，得到拷贝图层，放置于"图层 3"下。执行"高斯模糊"滤镜，设置模糊半径为 3 个像素，为线条制作辉光，结果如图 7-236 所示。然后将该图层合并到"图层 3"中。

图 7-236　为线条制作辉光

18）新建"图层 4"，以较细的画笔绘制如图 7-237 所示的竖直细线条。

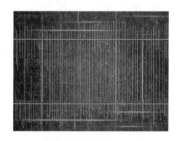

图 7-237　绘制竖直细线条

19）执行"滤镜"→"模糊"→"动感模糊"，设置"角度"为 90°、"距离"为 90 个像素。使用"动感模糊"滤镜后的效果如图 7-238 所示。

图 7-238　使用"动感模糊"滤镜后的效果

20）复制"图层 4"，得到拷贝图层，将拷贝图层中的图像稍稍右移，然后将拷贝图层合并到"图层 4"中，此时图像如图 7-239 所示。

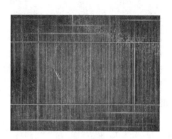

图 7-239　复制图像并右移

21）新建"图层 5"，绘制部分水平细线条，并使用"动感模糊"滤镜，设置"角度"为 0°。然后合并"图层 5"到"图层 4"当中，此时图像如图 7-240 所示。

图 7-240　制作水平细线条并使用
"动感模糊"滤镜

22）调整"图层 4"的不透明度为 20%，此时图像如图 7-241 所示。然后合并"图层 4"到"图层 3"中。

图 7-241　调整不透明度后的图像

23）将"图层 3"设置为当前图层，载入 Alpha1 通道选区，然后按 Delete 键删除，此时图像如图 7-242 所示。

图 7-242　删除部分线条后的图像

24）选择文字工具，在左侧输入若干行由 0 和 1 组成的数字串，设置字体颜色为浅蓝色，如图 7-243 所示。注意，文字图层应位于"图层 1"和"图层 3"之间。

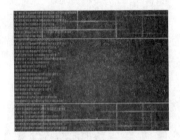

图 7-243　输入数字

25）栅格化该文字图层，并复制该图层，命名为"数字拷贝层"，放置于原数字图层之下，此时"图层"控制面板如图 7-244 所示。

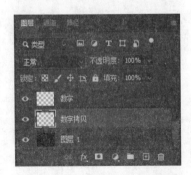

图 7-244　"图层"控制面板

26）对"数字拷贝层"执行"滤镜"→"模糊"→"动感模糊"命令，设置"角度"为 0°、"距离"为 400 个像素。使用"动感模糊"滤镜后的图像如图 7-245 所示。

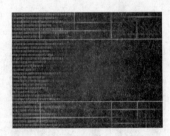

图 7-245　使用"动感模糊"滤镜后的图像

27）调整上下两侧数字的不透明度，合并"数字拷贝层"和"数字"图层为"数字"图层，载入 Alpha2 通道选区，如图 7-246 所示。

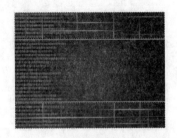

图 7-246　载入 Alpha2 通道选区

28）设置"数字"图层为当前图层，执行"图层"→"新建"→"通过剪切的图层"命令，将选区内的内容剪切到"图层 4"中。

29）调整"图层 4"的不透明度为 25%，结果如图 7-247 所示。

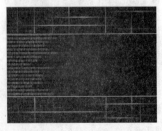

图 7-247　调整"图层 4"不透明度后的图像

观察图像，可以发现背景图层的色彩偏亮，而且我们希望整个图像的边缘稍微暗一些。因此，需要再次使用"光照效果"滤镜。

30）设置"图层 1"为当前图层，执行"滤镜"→"渲染"→"光照效果"命令，"属性"面板设置和结果如图 7-248 所示。注意，将光的强度调小些，这里设置为 11。

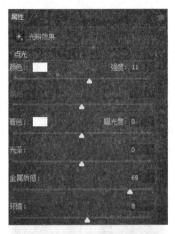

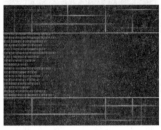

图 7-248　添加光照效果的"属性"面板设置和结果

31）打开如图 7-249 所示的素材图像。

图 7-249　素材图像

32）复制该图像到主图中（"脸"图层），并变换图像，将其放置到如图 7-250 所示的位置。

图 7-250　复制并变换图像

33）为"脸"图层添加图层蒙版，并用渐变工具编辑蒙版，使图像融合到背景当中，此时的图像和"图层"控制面板如图 7-251 所示。

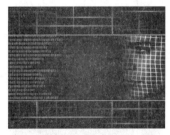

图 7-251　添加并编辑图层蒙版后的图像和"图层"控制面板

34）按 Ctrl+B 组合键，打开"色彩平衡"对话框，调整"脸图层"的色彩，如图 7-252 所示。

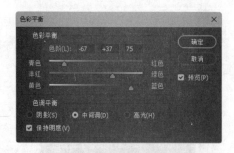

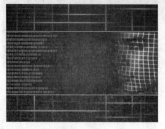

图 7-252 调整"脸图层"的色彩

35）在"图层 1"之上新建"图层 5"，选中自定形状工具![图标]，并在工具属性栏上选择![图标]形状，接着设置填充像素方式，设置前景色为黑色，然后用鼠标在图中拖动，绘制如图 7-253 所示的黑色方框。

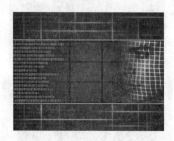

图 7-253 使用形状工具绘制黑色方框

36）调整"图层 5"的不透明度为 20%，结果如图 7-254 所示。

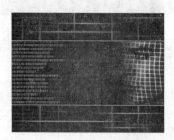

图 7-254 调整"图层 5"不透明度后的图像

37）新建"图层 6"，更改形状工具的形状为![图标]，在图中绘制如图 7-255 所示的图形。

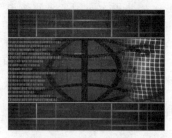

图 7-255 绘制图形

38）按住 Ctrl 键单击"图层 6"，载入该图层选区，执行"选择"→"修改"→"收缩"命令，将选区收缩 5 个像素，然后按 Shift+Ctrl+I 组合键反转选区，按 Delete 键删除，再调整该图层不透明度为 10%，结果如图 7-256 所示。

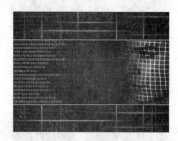

图 7-256 调整"图层 6"的不透明度

39）复制"图层 6"的两个副本，并分别变换放置在中间位置，设置一大一小两个副本的不透明度分别为 6% 和 4%，结果如图 7-257 所示。

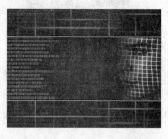

图 7-257 复制"图层 6"并调整不透明度

40）将"图层 5""图层 6"及其两个副本合并到"图层 1"中。新建"图层 5"，位于"脸图层"和"数字图层"之上。载入 Alpha1 通道选区，选择渐变工具，设置透明到黑色渐变，并选择"对称"渐变方式，设置渐变不透明度为 60%，然后从选区中央往上（或往下）拖动鼠标填充渐变，结果如图 7-258 所示。

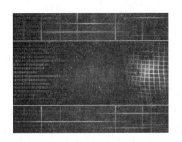

图 7-258　填充渐变

41）复制"图层 1"的一个副本，放置于"图层 1"之下。设置"图层 1"为当前图层，执行"滤镜"→"KPT6.0"→"Lensflare"命令，给图像添加光晕效果，"Lensflare"滤镜的参数设置和结果如图 7-259 所示。

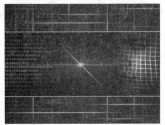

图 7-259　"Lensflare"滤镜的参数设置和结果

42）载入 Alpha2 通道选区，按 Delete 键删除"图层 1"内容（目的是为了删除选区内由"Lensflare"滤镜产生的光芒，由于"图层 1"下方有"图层 1 拷贝"，所以并不会把背景删掉），结果如图 7-260 所示。

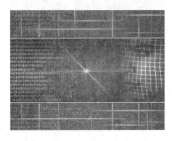

图 7-260　删除"图层 1"内容

43）选择矩形选框工具，在工具属性栏上设置羽化半径为 5 个像素，在右上角制作如图 7-261 所示的选区。

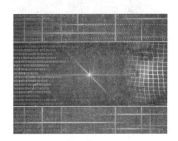

图 7-261　制作选区

44）在所有图层之上新建"图层 6"，填充黑色，设置不透明度为 80%，结果如图 7-262 所示。

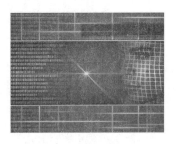

图 7-262　填充黑色

45）新建"图层7"，用画笔绘制如图 7-263 所示的白色曲线。

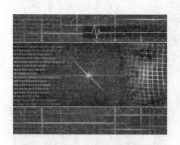

图 7-263　绘制白色曲线

46）复制"图层7"，得到"图层7 拷贝"，按 Ctrl+I 组合键将图像反相，即将曲线变为黑色，双击该图层，为曲线添加"外发光"图层样式，发光颜色设置为蓝色，结果如图 7-264 所示。

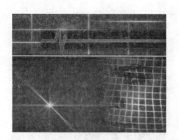

图 7-264　为黑色曲线添加"外发光"图层样式

47）设置"图层7"为当前图层，执行"滤镜"→"模糊"→"高斯模糊"命令，设置模糊半径为 2 个像素。使用"高斯模糊"滤镜后的图像如图 7-265 所示。

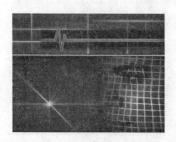

图 7-265　使用"高斯模糊"滤镜后的图像

48）选择文字工具，输入"Fantastic world"字样，先设置字体颜色为白色，便于观察，再调整字体和大小，如图 7-266 所示。

图 7-266　输入文字

49）复制该文字图层得到两个副本（"副本 1"和"副本 2"），放置于该图层之上，然后将最上层（"副本 2"）的字体改为黑色，如图 7-267 所示。

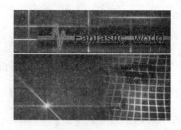

图 7-267　复制文字图层并将文字改为黑色

50）栅格化"副本 1"和原文字图层为普通图层，此时"图层"控制面板如图 7-268 所示。

图 7-268　"图层"控制面板

51）设置"副本1"为当前图层，执行"滤镜"→"模糊"→"动感模糊"命令，设置"角度"为0°、"距离"为20个像素。使用"动感模糊"滤镜后的图像如图7-269所示。

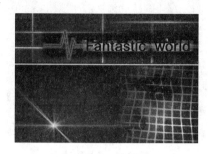

图 7-269　使用"动感模糊"滤镜后的图像

52）再次执行"滤镜"→"模糊"→"高斯模糊"命令，设置模糊半径为2个像素。使用"高斯模糊"滤镜后的图像如图7-270所示。

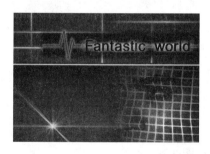

图 7-270　使用"高斯模糊"滤镜后的图像

53）设置"Fantastic world"图层为当前图层，执行"滤镜"→"模糊"→"高斯模糊"命令，设置模糊半径为3个像素，然后双击该图层，为该图层添加"外发光"图层样式，发光颜色设置为蓝色，结果如图7-271所示。

54）新建"图层8"，用画笔在图像的下方绘制水平白色直线，如图7-272所示。

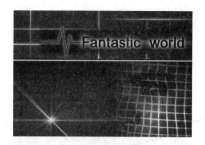

图 7-271　添加"外发光"图层样式

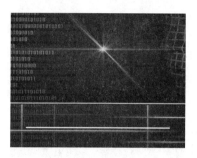

图 7-272　绘制水平白色直线

55）执行"滤镜"→"扭曲"→"波浪"命令，使用"波浪"滤镜后的图像如图7-273所示。

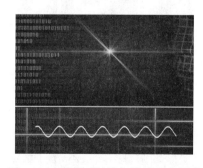

图 7-273　使用"波浪"滤镜后的图像

56）使用图层蒙版遮去波浪曲线两端部分，如图7-274所示。

57）双击"图层8"，添加"外发光"图层样式，设置发光颜色仍为蓝色，如图7-275所示。

58）复制"图层8"并将其稍微右移，结果如图7-276所示。

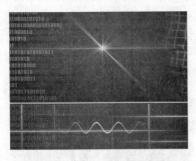

图 7-274　遮去波浪曲线两端部分

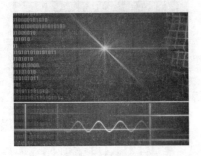

图 7-275　添加"外发光"图层样式

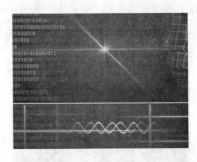

图 7-276　复制"图层 8"并右移

59）执行"编辑"→"变换"→"透视"命令，变形后调整该图层不透明度为 45%。制作完成的图像如图 7-277 所示。

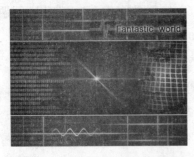

图 7-277　制作完成的图像

7.3　动手练练

1. 使用 Photoshop 2024 自带滤镜制作如图 7-278 所示的闪电和激光效果。

图 7-278　闪电和激光

闪电的制作请参照第 2 章中的"2.3.3 闪电"。

激光的制作步骤如下：

1）使用画笔工具绘制若干条白色直线。画笔的直径可稍大些。

2）执行"高斯模糊"命令，使得直线边缘有辉光效果。

3）使用选择工具选择各条直线，按 Ctrl+T 组合键分别进行自由变换。

2. 使用"置换"滤镜使图像错位。

步骤如下：

1）打开如图 7-279 所示的图像。

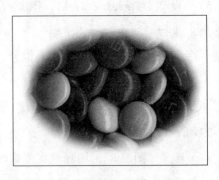

图 7-279　图像

2）制作如图 7-280 所示的置换图。置换图应为灰度模式，存盘（PSD 格式）以备使用。

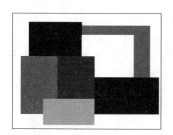

图 7-280 置换图

3）回到原图，执行"滤镜"→"扭曲"→"置换"命令，选择刚制作的置换图，单击"确定"按钮，完成置换，结果如图 7-281 所示。

图 7-281 完成置换

第 **8** 章 特效字——文字艺术

【本章主要内容】

不同的文字处理方法会产生不同的效果。在广告等艺术作品中，文字不仅可用来传达某种信息，在艺术效果的表现方面也发挥着重要的作用。本章主要介绍各种特效字的制作方法及其在实际中的应用。

【本章学习重点】

- 文字工具
- 特效字

8.1 文字工具介绍

由于用 Photoshop 处理的特效字必须要以文字工具制作的文字作为前提，因此这里首先介绍一下文字工具的使用方法。

在 Photoshop 的工具箱中有 4 种可供选择的文字工具，如图 8-1 所示。

图 8-1　文字工具

其中，横排文字工具 T 和直排文字工具 IT 用于创建文本，创建的文本将被放于系统新建的文字图层中；而横排文字蒙版工具 和直排文字蒙版工具 用于创建文本形状的选区，并不创建文字图层。4 种文字工具分别如图 8-2 ~ 图 8-5 所示。

图 8-2　横排文字工具

图 8-3　直排文字工具

图 8-4　横排文字蒙版工具

 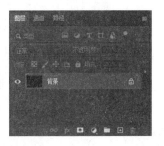

图 8-5　直排文字蒙版工具

提示
使用直排文字工具和直排文字蒙版工具输入英文文字时，其文字的排列方法与输入中文时稍有不同，如图 8-6 所示。选择"字符"控制面板快捷菜单中的"旋转字符"选项，可使英文字符的排列方法和中文的相同。

图 8-6　使用直排文字工具输入文字

　　选择一种文字工具后，文字工具属性栏将如图 8-7 所示。在文字工具属性栏中可设置文字的大小、字体等属性，单击文字工具属性栏左侧的 ⬚ 按钮，可在输入文字后在横排和直排之间快速转换；按钮组 ⬚⬚⬚ 用于设置文字的对齐方式；通常情况下颜色框显示的颜色是当前前景色，用户可通过单击该颜色框打开颜色拾取器来设置字体颜色。

提示
要改变已经输入的文字的属性，必须先使用文字工具选中需要改变的文字，如图 8-8 所示为改变"shop"的字体、大小和颜色。

图 8-7　文字工具属性栏

图 8-8　修改选中文字的属性

单击文字工具属性栏上的按钮，将打开如图8-9所示的"变形文字"对话框。利用该对话框可对文字进行变形设置。在"样式"下拉列表中可选择要对文字进行变形的样式，"水平"和"竖直"单选按钮可用来设置对文字是进行水平变形还是竖直变形。此外，还可调整变形的弯曲和扭曲参数。图8-10所示为对文字进行"旗帜"变形的结果和参数设置。

段落进行进一步的调整，如文字的水平和竖直缩放比例、段落的首行缩进量等。

图8-11 "字符"和"段落"控制面板

图8-9 "变形文字"对话框

在前面章节中已经提到，文字图层限制了Photoshop的许多操作，如不能对文字图层进行绘画、执行滤镜命令等，要进行这些操作必须将文字图层转换为普通图层，方法是先选中文字图层，然后执行"图层"→"栅格化"→"文字"命令，也可右击该文字图层，然后在弹出的快捷菜单中选择"栅格化文字"命令。但是，即使不栅格化文字图层，也可为其添加图层样式，如为一个文字图层添加"投影"图层样式，如图8-12所示。

图8-10 "旗帜"变形的结果和参数设置

单击文字工具属性栏上的按钮，将打开如图8-11所示的"字符"和"段落"控制面板，利用这两个控制面板可对输入的文字

图8-12 为文字图层添加"投影"图层样式

此外，还可右击该文字图层，选择"创建工作路径"或"转换为形状"命令，将文字图层内容转换为工作路径或形状，然后进行进一步的操作。

8.2 特效字

8.2.1 金字

1）新建一幅 RGB 图像，如图 8-13 所示。

图 8-13 新建图像

2）新建 Alpha1 通道，输入"金字"字样，填充白色，如图 8-14 所示。

图 8-14 输入并填充文字

3）执行"滤镜"→"模糊"→"高斯模糊"命令，设置模糊半径为 4 个像素，再次执行"高斯模糊"命令，设置模糊半径为 2 个像素，使用"高斯模糊"滤镜后的图像如图 8-15 所示。

4）载入该通道选区，选择渐变工具，设置彩色线性渐变，从左上角向右下角制作渐变，结果如图 8-16 所示。

图 8-15 使用"高斯模糊"滤镜后的图像

图 8-16 填充渐变后的图像

5）取消选区，按 Ctrl+M 组合键打开"曲线"对话框，调整曲线后的图像及其参数设置如图 8-17 所示。

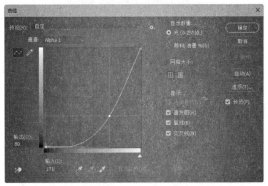

图 8-17 调整曲线后的图像及其参数设置

6）按 Ctrl+A 组合键全选，再按 Ctrl+C 组合键复制图像，切换到"图层"控制面板，按 Ctrl+V 组合键粘贴该图像，然后按 Ctrl+U

组合键打开"色相/饱和度"对话框,为文字着色(注意选中"着色"复选框),结果如图 8-18 所示。

图 8-18 为文字着色的参数设置和结果

8.2.2 金属边框字

1)新建一幅 RGB 图像,背景设置为白色,如图 8-19 所示。

图 8-19 新建图像

2)使用横排文字蒙版工具制作"金属边框"字样选区,如图 8-20 所示。

图 8-20 用横排文字蒙版工具制作选区

3)执行"选择"→"存储选区"命令,将选区存储于 Alpha1 通道,如图 8-21 所示。

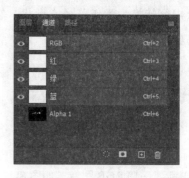

图 8-21 将选区存储于 Alpha1 通道

4)新建 Alpha2 通道,按住 Ctrl 键单击 Alpha1 通道载入选区,然后执行"选择"→"修改"→"扩展"命令,将选区扩展 6 个像素,如图 8-22 所示。

图 8-22 扩展选区

5)按住 Ctrl+Alt 组合键单击 Alpha1 通道,从当前选区中减去 Alpha1 通道存储的选区,结果如图 8-23 所示。

图 8-23 从当前选区中减去 Alpha1 通道
存储的选区

6)按 Alt+Delete 组合键以白色(此时前景色为白色)填充选区,再按 Ctrl+D 组合键取消选区,结果如图 8-24 所示。

图 8-24 填充白色

7）载入 Alpha1 通道选区，回到"图层"控制面板，新建"图层 1"，填充如图 8-25 所示的渐变。

图 8-25 填充渐变

8）取消选区。设置背景图层为当前图层，执行"滤镜"→"渲染"→"光照效果"命令，在"纹理"下拉列表中选择"Alpha2"通道，其他设置如图 8-26 所示。

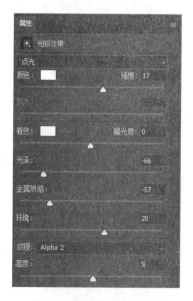

图 8-26 设置"光照效果"的"属性"面板

9）添加光照效果后的图像如图 8-27 所示。

图 8-27 添加光照效果后的图像

10）使用十字星型画笔信手点缀文字。制作完成的金属边框字如图 8-28 所示。

图 8-28 制作完成的金属边框字

8.2.3 金属质感字

1）新建一幅 RGB 图像，将背景填充为浅绿色，如图 8-29 所示。

图 8-29 新建图像

2）选择工具箱中的横排文字蒙版工具，在图中制作"PHOTOSHOP"字样选区，如图 8-30 所示。

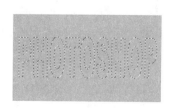

图 8-30 用横排文字蒙版工具制作选区

3）新建"图层 2"，选择渐变工具，设置铜色渐变图案和"线性"渐变方式，按住 Shift 键从上向下拖动鼠标。填充渐变后的图像如图 8-31 所示。

图 8-31　填充渐变后的图像

4）执行"滤镜"→"杂色"→"添加杂色"命令，选中"平均分布"单选按钮和"单色"复选框，并设置"数量"为 4%，结果如图 8-32 所示。

图 8-32　使用"添加杂色"滤镜后的图像

5）双击"图层 2"，为该层添加"斜面和浮雕"和"投影"图层样式。"斜面和浮雕"的参数设置和添加图层样式后的图像如图 8-33 所示。

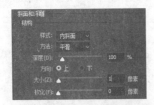

图 8-33　"斜面和浮雕"参数设置和添加图层样式后的图像

6）按 Ctrl+U 组合键打开"色相/饱和度"对话框，调整"图层 2"的色相及饱和度，生成不同颜色的字体，如图 8-34 所示。

图 8-34　生成不同颜色的字体

8.2.4　金属浮雕字

1）新建一幅 400×400 的 RGB 图像，背景填充浅蓝色，如图 8-35 所示。

图 8-35　新建图像

2）执行"滤镜"→"杂色"→"添加杂色"命令，选中"平均分布"单选按钮和"单色"复选框，并设置"数量"为 2%，结果如图 8-36 所示。

图 8-36　使用"添加杂色"滤镜后的图像

3）执行"滤镜"→"模糊"→"径向模糊"命令，选择"旋转"方式，"数量"设置为 20，结果如图 8-37 所示。

图 8-37 使用"径向模糊"滤镜后的图像

4）切换到"通道"控制面板，新建 Alpha1 通道，使用矩形选框工具制作如图 8-38 所示的正方形选区。

图 8-38 制作正方形选区

5）执行"选择"→"修改"→"平滑"命令，"取样半径"设置为 30 个像素，结果如图 8-39 所示。

图 8-39 平滑选区

6）按 Alt+Delete 组合键以白色填充选区，然后执行"选择"→"修改"→"收缩"命令，收缩量设置为 10 个像素，按 Delete 键删除选区中的内容，并取消选区，此时 Alpha1 通道如图 8-40 所示。

图 8-40 Alpha1 通道

7）使用文字工具在中间输入白色的"@"字样，如图 8-41 所示。

图 8-41 输入"@"

8）执行"滤镜"→"模糊"→"高斯模糊"命令，模糊半径设置为 1.5 个像素，结果如图 8-42 所示。

图 8-42 使用"高斯模糊"滤镜后的图像

9）回到"图层"控制面板，执行"滤镜"→"渲染"→"光照效果"命令，在"纹理"下拉列表中选择"Alpha1"通道，其他参数设置和添加光照效果后的图像如图 8-43 所示。

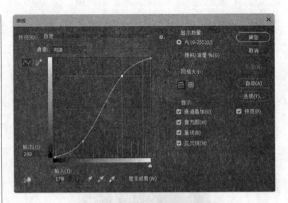

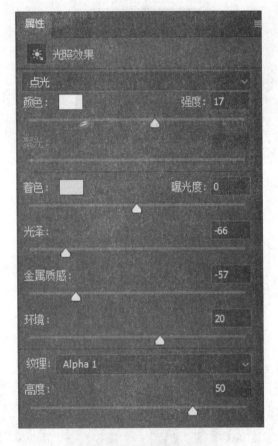

图 8-44　参数设置和调整曲线后的图像

8.2.5　冰雪字

1）新建一幅 400×300 的 RGB 图像，以白色填充背景，如图 8-45 所示。

图 8-45　新建图像

2）使用横排文字蒙版工具制作"冰雪"字样选区，如图 8-46 所示。

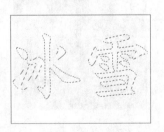

图 8-43　参数设置和添加光照效果后的图像

10）按 Ctrl+M 组合键调整图像曲线，参数设置和调整曲线后的图像如图 8-44 所示。

图 8-46　用横排文字蒙版工具制作选区

3）给选区填充黑色，如图 8-47 所示。

图 8-47　给选区填充黑色

4）按 Shift+Ctrl+I 组合键反转选区，执行"滤镜"→"像素化"→"晶格化"命令，"单元格大小"设置为 12。使用"晶格化"滤镜后的文字如图 8-48 所示。

图 8-48　使用"晶格化"滤镜后的文字

5）反转选区，执行"滤镜"→"杂色"→"添加杂色"命令，选中"高斯分布"单选按钮和"单色"复选框，并设置"数量"为 45%。使用"添加杂色"滤镜后的文字如图 8-49 所示。

图 8-49　使用"添加杂色"滤镜后的文字

6）执行"滤镜"→"模糊"→"高斯模糊"命令，模糊半径设置为 1.5 个像素，使用"高斯模糊"滤镜后取消选区，结果如图 8-50 所示。

图 8-50　使用"高斯模糊"滤镜后的文字

7）按 Ctrl+I 组合键反相图像，结果如图 8-51 所示。

8）执行"图像"→"图像旋转"→"90 度（逆时针）"命令，旋转图像，结果如图 8-52 所示。

图 8-51　反相图像　　图 8-52　旋转图像

9）执行"滤镜"→"风格化"→"风"命令，方向选择从左方，然后再顺时针旋转图像，结果如图 8-53 所示。

图 8-53　使用"风"滤镜后的图像

10）按 Ctrl+U 组合键打开"色相/饱和度"对话框，为图像着色，结果如图 8-54 所示。

图 8-54　为图像着色

8.2.6　塑料质感字

1）新建一幅 RGB 图像，填充背景为蓝色，如图 8-55 所示。

2）新建 Alpha1 通道，输入"塑料"字样，填充白色，如图 8-56 所示。

图 8-55　新建图像　　图 8-56　Alpha1 通道

3）复制 Alpha1 通道生成其副本，在副本通道中执行若干次"滤镜"→"模糊"→"高斯模糊"命令，设置模糊半径由大到小，结果如图 8-57 所示。

图 8-57　多次使用"高斯模糊"滤镜后的效果

4）载入 Alpha1 通道选区，按 Shift+Ctrl+I 组合键反转选区，按 Delete 键删除选区中的内容，结果如图 8-58 所示。

图 8-58　反转选区并删除选区中内容后的图像

5）回到"图层"控制面板，执行"滤镜"→"渲染"→"光照效果"命令，在"纹理"下拉列表中选择"Alpha1 拷贝"通道，将"材料"滑块调至"塑料效果"一端，其他参数设置和添加光照效果后的图像如图 8-59 所示。

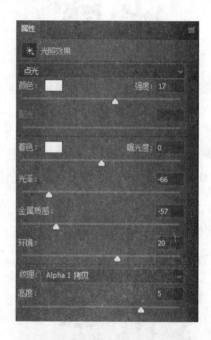

图 8-59　参数设置和添加光照效果后的图像

6）按 Ctrl+B 组合键，调整图像的"色彩平衡"，可生成不同色调的塑料质感，如图 8-60 所示。

图 8-60 调整"色彩平衡"生成不同色调的塑料质感

8.2.7 光芒文字

1）新建一幅黑色背景图像，如图 8-61 所示。

图 8-61 新建图像

2）使用文字蒙版工具制作"bodybo"选区，如图 8-62 所示。

图 8-62 制作选区

3）执行"编辑"→"描边"命令，以白色描边选区，如图 8-63 所示。然后复制"背景"图层，生成"背景拷贝"图层。

图 8-63 描边选区

4）选择"背景拷贝"图层，执行"滤镜"→"模糊"→"高斯模糊"命令，设置模糊半径为 2.5 个像素，结果如图 8-64 所示。

图 8-64 使用"高斯模糊"滤镜后的图像

5）执行"滤镜"→"扭曲"→"极坐标"命令，选中"极坐标到平面坐标"单选按钮，进行极坐标到平面坐标转换，结果如图 8-65 所示。

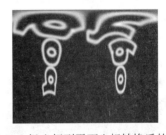

图 8-65 极坐标到平面坐标转换后的图像

6）执行"图像"→"图像旋转"→"旋转 90 度（顺时针）"命令，旋转图像，如图 8-66 所示。

7）执行"滤镜"→"风格化"→"风"命令，风向选择从右方，使用"风"滤镜两次，结果如图 8-67 所示。

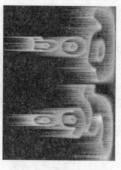

图 8-66　顺时针旋转　　　图 8-67　使用"风"
　　　　图像　　　　　　　　滤镜后的图像

图 8-70　更改色彩混合模式后的图像

8）逆时针旋转图像，结果如图 8-68 所示。

11）设置"背景"图层为当前图层，执行"滤镜"→"模糊"→"高斯模糊"命令，设置模糊半径为两个像素。使用"高斯模糊"滤镜后的图像如图 8-71 所示。

图 8-68　逆时针旋转图像

图 8-71　使用"高斯模糊"滤镜后的图像

9）执行"滤镜"→"扭曲"→"极坐标"命令，选中"平面坐标到极坐标"单选按钮，进行平面坐标到极坐标转换，结果如图 8-69 所示。

12）合并"背景拷贝"和"背景"图层，按 Ctrl+U 组合键打开"色相 / 饱和度"对话框，为图像着色，如图 8-72 所示。

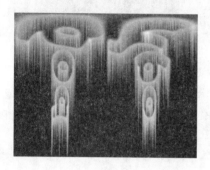

图 8-69　平面坐标到极坐标转换后的图像

10）将"背景拷贝"图层的色彩混合模式改为"变亮"，此时图像如图 8-70 所示。

图 8-72　为图像着色

8.2.8 透视字

1）新建一幅黑色背景图像，如图8-73所示。

图8-73 新建图像

2）用文字蒙版工具制作"PHOTO"字样选区，如图8-74所示。

图8-74 用文字蒙版工具制作选区

3）新建"图层1"，设置前景色和背景色分别为红色和蓝色，执行"滤镜"→"渲染"→"云彩"命令，结果如图8-75所示。

图8-75 使用"云彩"滤镜后的图像

4）执行"编辑"→"描边"命令，以白色描边（注意选择"居外"），然后取消选区，结果如图8-76所示。

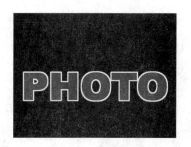

图8-76 描边选区

5）复制若干"图层1"的副本放置于"图层1"之下，然后对每个副本进行自由变换（按Ctrl+T组合键），并调整"色彩平衡"（按Ctrl+B组合键），再合并所有副本图层，结果如图8-77所示。

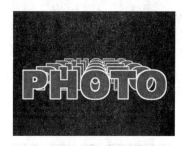

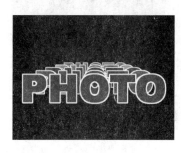

图8-77 复制并变换后合并图层

6）对合并后的图层执行"滤镜"→"模糊"→"径向模糊"命令。参数设置和使用"径向模糊"滤镜后的图像如图8-78所示。

7）按Ctrl+F组合键若干次，重复使用"径向模糊"滤镜，结果如图8-79所示。

8）对"图层1"执行"滤镜"→"风格化"→"风"命令，结果如图8-80所示。

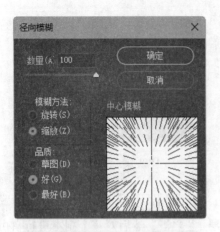

图 8-78　参数设置和使用"径向模糊"

滤镜后的图像

图 8-79　多次使用"径向模糊"滤镜后的图像

图 8-80　使用"风"滤镜后的效果

8.2.9　锈斑字

1）新建图像，输入"锈斑"字样，如图 8-81 所示。

图 8-81　新建图像并输入文字

2）双击文字图层，为其添加"斜面和浮雕""投影"和"内发光"图层样式，结果如图 8-82 所示。

图 8-82　添加图层样式

3）"内发光"图层样式的参数设置如图 8-83 所示。

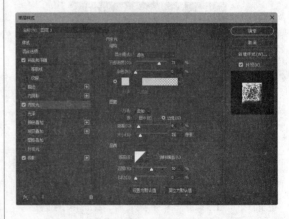

图 8-83　"内发光"图层样式的参数设置

4）按住 Ctrl 键单击文字图层，载入文字选区，执行"编辑"→"合并拷贝"命令，然后切换到"通道"控制面板，新建 Alpha1 通道，再按 Ctrl+V 组合键粘贴，结果如图 8-84 所示。

图 8-84 粘贴文字图层后的 Alpha1 通道

5）回到"图层"控制面板，双击文字图层，去掉"内发光"图层样式，或直接将"内发光"图层样式拖至删除按钮上将其删除。此时图像如图 8-85 所示。

图 8-85 删除"内发光"图层样式后的图像

6）再次载入文字图层选区，新建"图层 1"，按 D 键设置前景色和背景色分别为黑色和白色，然后执行"滤镜"→"渲染"→"云彩"命令，结果如图 8-86 所示。

图 8-86 使用"云彩"滤镜后的图像

7）按 Ctrl+M 组合键进行"曲线"调整，使得黑白变化明显些，结果如图 8-87 所示。

图 8-87 "曲线"调整后的图像

8）执行"图像"→"调整"→"阈值"命令，调整图像后取消选区，结果如图 8-88 所示。

图 8-88 执行"阈值"命令后的图像

9）用魔棒选择工具选中图中黑色部分，按 Delete 键删除，结果如图 8-89 所示。

图 8-89 删除黑色部分后的图像

10）执行"滤镜"→"杂色"→"添加杂色"命令，参数设置和使用"添加杂色"滤镜后的图像如图 8-90 所示。

图 8-90　参数设置和"添加杂色"滤镜后的图像

11）执行"滤镜"→"渲染"→"光照效果"命令，在"纹理"下拉列表中选择"Alpha1"通道，结果如图 8-91 所示。

图 8-91　添加光照效果

12）载入"图层 1"的选区，执行"选择"→"调整边缘"命令，打开"调整边缘"对话框，设置羽化半径为 5 个像素，羽化选区后按 Shift+Ctrl+I 组合键反转选区，按若干次 Delete 键删除锈迹边缘，结果如图 8-92 所示。

图 8-92　删除锈迹边缘

13）调整"图层 1"的不透明度为 80%，此时图像如图 8-93 所示。

图 8-93　调整不透明度后的图像

8.2.10　石刻字

1）打开一幅石纹素材图像，如图 8-94 所示。

图 8-94　石纹素材图像

2）用文字蒙版工具制作"bodybo"字样选区，如图 8-95 所示。

图 8-95　用文字蒙版工具制作选区

3）执行"选择"→"存储选区"命令，存储选区到 Alpha1 通道，如图 8-96 所示。

图 8-96　存储选区到 Alpha1 通道

4）复制"背景"图层生成"背景拷贝"图层，按 Delete 键删除"背景拷贝"图层选区内的内容。此时，"图层"控制面板如图 8-97 所示。

图 8-97　"图层"控制面板

5）双击"背景拷贝"图层，为该图层添加"投影"图层样式。"投影"参数设置和添加"投影"图层样式后的图像如图 8-98 所示。

图 8-98　"投影"参数设置和添加"投影"
图层样式后的图像

6）复制"背景拷贝"图层生成"背景拷贝 2"图层，并双击该图层，修改"投影"参数，不选择"使用全局光"复选框，"角度"设置为 50°，如图 8-99 所示。

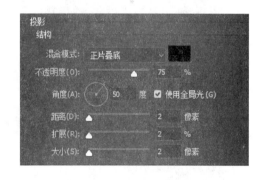

图 8-99　"背景拷贝 2"图层的"投影"
参数设置和结果

7）设置"背景"图层为当前图层，执行"图像"→"调整"→"亮度/对比度"命令，将背景调暗些，结果如图 8-100 所示。

图 8-100　调暗背景

8）设置"背景拷贝 2"图层（最上层）为当前图层，载入 Alpha1 通道选区，选择矩形选框工具（任意一种选择工具均可），按向右和向下方向键各一次，再执行"图像"→"调整"→"亮度/对比度"命令，增加其亮度，然后取消选区。制作完成的石刻字如图 8-101 所示。

图 8-101　制作完成的石刻字

8.2.11　立体字

1）执行"文件"→"新建"命令，新建文件，给文件命名为"立体字"，设置文件的"宽度"为 600 像素、"高度"为 450 像素、"背景内容"为"背景色"（黑色），如图 8-102 所示。

图 8-102　新建文件

2）单击工具箱中的"快速蒙版"按钮，以快速蒙版模式编辑。

3）选中渐变工具，设置工具属性栏如图 8-103 所示。

图 8-103　渐变工具属性栏

4）按住 Shift 键，在图中从上往下拖动鼠标，制作渐变，结果如图 8-104 所示。

5）按 Q 键退出快速蒙版模式，生成如图 8-105 所示的选区。

图 8-104　制作渐变

图 8-105　退出快速蒙版模式生成选区

6）为了观察此选区的不透明度，将其存储于 Alpha 通道。执行"选择"→"存储选区"命令，打开如图 8-106 所示的对话框，采用默认设置，单击"确定"按钮，将选区存储到 Alpha1 通道中。此时"通道"控制面板如图 8-107 所示。

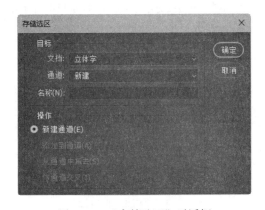

图 8-106　"存储选区"对话框

图 8-107　"通道"控制面板

7）设置前景色和背景色分别为红色和黑色，单击"图层"面板中的 ⊞ 按钮，新

建"图层 1"，然后执行"滤镜"→"渲染"→"云彩"命令，再按 Ctrl+D 组合键取消选区。此时的图像和"图层"控制面板如图 8-108 所示。从图中可看到选区的不透明度对滤镜效果的影响。

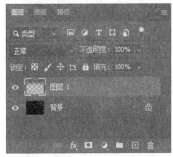

图 8-108　使用"云彩"滤镜后的图像和
"图层"控制面板

8）选中文字蒙版工具 ，在图中制作"M"字样的选区，如图 8-109 所示。

图 8-109　制作文字选区

9）选中渐变工具 ，设置颜色渐变条如图 8-110 所示，并在其工具属性栏中单击对称渐变按钮 。

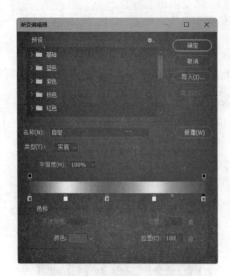

图 8-110　设置颜色渐变条

10）新建"图层 2"，以 45°角在选区中拖动鼠标制作渐变图案，结果如图 8-111 所示。

图 8-111　制作渐变

11）执行"编辑"→"描边"命令，弹出"描边"对话框，将描边颜色设置为浅灰色，其他参数设置如图 8-112 所示。

图 8-112　"描边"对话框参数设置

12）描边后的图像如图 8-113 所示（局部放大）。

图 8-113　描边后的图像

13）在"图层"控制面板中拖动"图层 2"到田按钮上复制该图层，生成"图层 2 拷贝"，将其置于"图层 2"之下，并隐藏该图层。此时"图层"控制面板如图 8-114 所示。

图 8-114　"图层"控制面板

14）按 Ctrl+T 组合键对"图层 2"中的图像进行自由变换，此时图像中显示出定界框，如图 8-115 所示。

图 8-115　显示定界框

15）在工具属性栏的"角度"文本框中输入 30，如图 8-116 所示。

图 8-116 变换工具属性栏

16）按 Enter 键应用变换，将"M"顺时针旋转 30°，结果如图 8-117 所示。

图 8-117 将"M"顺时针旋转 30°

17）按住 Ctrl 键单击"图层 2"，载入该图层选区，然后按住 Ctrl 键和 Alt 键，按 15 次向左方向键，在"图层 2"中复制图像，复制完成后取消选区，结果如图 8-118 所示。

图 8-118 复制图像

18）按 Ctrl+T 组合键，在如图 8-116 所示的工具属性栏的"角度"文本框中输入−30，按 Enter 键应用变换，将"M"逆时针旋转 30°，结果如图 8-119 所示。

图 8-119 将"M"逆时针旋转 30°

> **提示**
>
> 　　制作选区后按上述方法复制图像，复制的图像和原图位于同一图层中，若在未制作选区的情况下按上述方法复制图像，则系统将为每个复制的图像创建一个新的图层，即若按方向键 15 次，将生成 15 个新的图层。

19）设置"图层 2 拷贝"为当前图层，执行"编辑"→"变换"→"垂直翻转"命令，然后调整其位置，制作倒影，如图 8-120 所示。

图 8-120 制作倒影

20）对"图层 2 拷贝"采用步骤 17）和 18）的操作（注意，同样按 15 次向左方向键），然后调整倒影的位置，制作立体倒影，结果如图 8-121 所示。

图 8-121 制作立体倒影

21）建立"图层 2"和"图层 2 拷贝"的链接，然后将它们移到如图 8-122 所示的位置。

图 8-122　移动位置

下面再来制作一个斜立的"X"。

22）新建"图层 3"，用文字蒙版工具 制作一个"X"字样选区，再用如图 8-110 所示的颜色渐变条在选区内制作渐变，并以浅灰色描边选区，结果如图 8-123 所示。

图 8-123　制作并编辑"X"选区

23）按 Ctrl+T 组合键，先将"X"顺时针旋转 45°，如图 8-124 所示。

图 8-124　将"X"顺时针旋转 45°

24）复制"图层 3"生成"图层 3 拷贝"，将其移至"图层 3"之下，此时"图层"控制面板如图 8-125 所示。

图 8-125　"图层"控制面板

25）重复步骤 17）～ 20），对"图层 3"和"图层 3 拷贝"进行操作，结果如图 8-126 所示。

图 8-126　制作立体倒影

26）链接"图层 3"和"图层 3 拷贝"，按 Ctrl+T 组合键进行自由变换，将它们适当缩小，如图 8-127 所示。

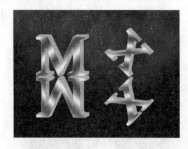

图 8-127　缩小图像

27）下面对倒影进行处理，将倒影的色调调暗一些。首先合并"图层 2 拷贝"和

"图层 3 拷贝"（建立两个图层的链接，按 Ctrl+E 组合键），然后将图层名称更改为"倒影"。单击"图层"控制面板中的 ◉ 按钮，为该图层添加图层蒙版，如图 8-128 所示。

图 8-128　添加图层蒙版

28）选中渐变工具 ▣，设置白色到黑色渐变，并在其工具属性栏上单击线性渐变按钮 ▣，然后在图中从上向下拖动鼠标，编辑图层蒙版，此时"图层"控制面板和图像分别如图 8-129 和图 8-130 所示。

图 8-129　编辑图层蒙版后的"图层"控制面板

图 8-130　编辑图层蒙版后的图像

29）由于图层蒙版中的灰色使得该图层中的图像变得透明，透过文字倒影可看到"图层 1"的红色，因此需要对其进行处理。按住 Ctrl 键单击"倒影"图层，载入该图层选区，如图 8-131 所示。

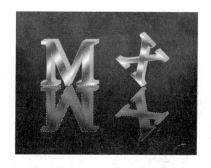

图 8-131　载入选区

30）设置"图层 1"为当前图层，按 Delete 键删除选区中的内容，并取消选区。制作完成的立体字如图 8-132 所示。

图 8-132　制作完成的立体字

8.3　特效字的应用

前面介绍了一些特效字的制作方法。其实，特效字的种类还有很多，这里不做一一介绍，读者如果感兴趣，可参阅专门介绍特效字的书籍。

大部分特效字的制作并不复杂，其方法也比较容易掌握，但要在实际创作中用好特效字，使其能够为自己的作品起到画龙点睛的作用却并非易事。读者应该在借鉴他人优秀作品的基础上，对特效字多加练习，大胆尝试，逐渐积累经验，这样才能在实际应用中做到得心应手，制作出令人满意的作品。

图 8-133 ~ 图 8-138 所示为部分特效字在实际当中的应用，供读者参考。

图 8-133　光芒字

图 8-134　石刻字

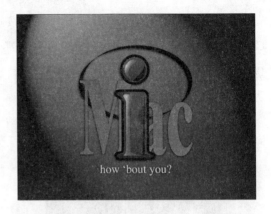

图 8-135　玻璃字

图 8-136　变形字

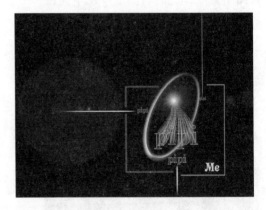

图 8-137　透视字

8.4　动手练练

制作如图 8-138 所示的立体字。

图 8-138　立体字

步骤如下：

1）用文字蒙版工具制作"PS"字样选区，新建"图层 1"，填充渐变，并以灰色描边。

2）复制"图层 1"生成"图层 1 拷贝"，放置于原图层之下。

3）设置"图层 1"为当前图层，将图像顺时针旋转 30°。

4）按住 Ctrl 键单击"图层 1"，载入选区，然后按住 Ctrl+Alt 组合键，按若干次向左方向键，在"图层 1"中复制图像，生成立体效果。

5）将图像逆时针旋转 30°。

6）设置"图层 1 拷贝"为当前图层，将图像垂直翻转。

7）对"图层 1 拷贝"重复步骤 3）~ 5）的操作，生成立体倒影。

8）为"图层 1 拷贝"添加图层蒙版，并填充渐变，生成渐隐效果。

9）调整"图层 1 拷贝"的不透明度为 50%，完成制作。

第9章 Photoshop 2024 网络应用

【本章主要内容】

　　随着网络的快速发展，制作精美的网页已成为一种时尚，很多人都会在自己的网页中放置漂亮的图片或添加一些简单的动画，使得网页更加生动活泼。Photoshop 2024 是制作网页很好的辅助工具，利用 Photoshop 2024 可以非常方便地制作用于 Web 的图片和 GIF 动画。本章主要就 Photoshop 2024 的网络功能进行介绍。

【本章学习重点】

- Photoshop 2024 制作 Web 图像

9.1 Photoshop 2024 制作 Web 图像

9.1.1 制作切片

　　切片是图像的一块矩形区域，可用于在 Web 页面中创建链接、翻转和动画。用户可以通过为图像制作切片，有选择地优化图像，以便于 Web 查看。

　　1. 创建切片

　　要为图像创建切片，可首先选中工具箱中的切片工具，此时将在图像的左上角显示01图，表示当前只有一个切片，即整个图像被作为一个切片，如图 9-1 所示。切片工具属性栏如图 9-2 所示。其中"样式"下拉列表中有三个选项，即"正常""固定长宽比"和

　　"固定大小"，当选择"正常"时，用户可以在图像中拖动鼠标默认创建任意长宽比的切片，当选择另两项时，工具属性栏的"宽度"和"高度"文本框将变为可用，在这里可设置切片的长宽比例或大小。若图像窗口显示参考线，工具属性栏中的"基于参考线的切片"按钮将变为可用。

图 9-1　选中切片工具后的图像

图 9-2　切片工具属性栏

设置完成"样式"后，在图像窗口中单击并拖动鼠标即可创建切片，如图 9-3 所示。使用这种方法创建的切片称为用户切片。

图 9-3　创建切片

此外，还可根据图层创建切片，方法是首先在"图层"控制面板中选中要创建为切片的图层，然后执行"图层"→"新建基于图层的切片"命令。例如，要基于图 9-4 中文字"bodybo"所在的图层创建切片，可先在"图层"控制面板中选中该图层，然后执行"图层"→"新建基于图层的切片"命令，则创建的切片如图 9-4 所示。

图 9-4　创建基于图层的切片

从上述两个创建切片的例子中可以看到，虽然我们只想创建一个切片，系统却自动生成了另外 3 个附加自动切片，它们占据了图像中用户切片或基于图层的切片未定义的空间。每次添加或编辑用户切片或基于图层的切片时，系统都会重新生成自动切片。

创建切片后，还可对切片的位置和尺寸进行调整。

若创建的是用户切片，当把鼠标指针移至切片区域时，鼠标指针会自动变为 形状，此时单击拖动即可移动切片的位置，如图 9-5a 所示；当把鼠标指针移至切片边界线上时，鼠标指针会变为双向箭头，此时单击并拖动即可改变切片的尺寸，如图 9-5b 所示。

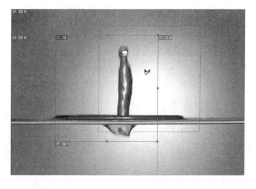

a)

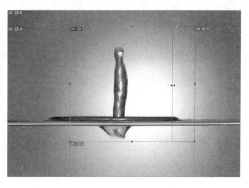

b)

图 9-5　改变切片位置和尺寸

若创建的是基于图层的切片，又想改变切片的位置和大小，应首先在工具箱中先选中切片选择工具 （此时工具属性栏如图 9-6 所示），并在工具属性栏上单击"提升到用户切片"按钮，即可像更改用户切片那样更改该切片了。

图 9-6 切片选择工具属性栏

要删除切片，只需在用切片选择工具选中该切片后按 Delete 键即可。

此外，用户还可以利用切片选择工具属性栏中的按钮，进行划分用户切片、隐藏自动切片、调整切片层次和编辑切片选项等操作。

2. 设置切片选项

要设置切片选项，可单击切片选择工具属性栏上的"切片选项"按钮，系统将打开如图 9-7 所示的"切片选项"对话框。对话框中各选项的含义如下：

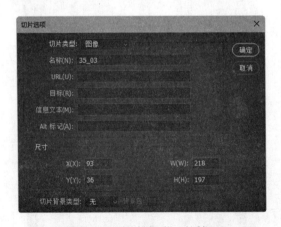

图 9-7 "切片选项"对话框

（1）"切片类型"下拉列表 包括"图像"或"无图像"两种类型。若选择"无图像"类型，"切片选项"对话框将如图 9-8 所示，用户可在该对话框中输入显示在单元格中的文本。

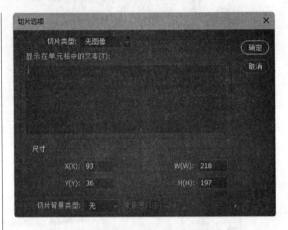

图 9-8 "无图像"类型"切片选项"对话框

（2）"名称"文本框 设置切片名称。

（3）"URL"文本框 设置超链接地址。

（4）"目标"文本框 设置在何处打开链接网页。

（5）"信息文本"文本框 设置切片提示信息。当鼠标指针移至该切片区域时，系统将在浏览器的状态栏上显示该信息。

（6）"Alt 标记"文本框 对于非图形浏览器而言，可利用该文本框设置在切片位置显示的文字。

（7）"尺寸"选项组 可用于设置切片的大小。

（8）"切片背景类型"下拉列表 选择一种背景色填充透明区域（适用于"图像"切片）或整个区域（适用于"无图像"切片）。

9.1.2　制作动画

利用"时间轴"面板，可以很方便地制作动画。执行"窗口"→"时间轴"命令，打开"时间轴"面板，如图 9-9a 所示。单击"创建视频时间轴"按钮，再单击左下角的 ▨▨▨ 按钮转换为帧动画。帧动画"时间轴"面板如图 9-9b 所示。

a)

b)

图 9-9　"时间轴"面板和帧动画"时间轴"面板

其中，带有标号的缩略图显示的是每一帧的状态，单击每一帧下方的 ▨ 按钮，可设置该帧的延迟时间。单击面板下方"永远"后面的 ▨ 按钮，可设置播放动画的方式为只播放一次还是重复播放。▨▨▨▨ 按钮组可用于控制动画的播放过程。单击 ▨ 按钮，可复制动画的当前帧，并将复制得到的一帧放置于当前帧之后。单击 ▨ 按钮，可制作过渡动画。

与图像翻转一样，动画也要依赖于图层。动画的每一帧即为图层的一种组合状态，因此通过打开、关闭图层显示，编辑图层内容，即可定义动画每一帧的状态。

下面通过一个简单的示例来说明动画的制作方法。

1）新建图像，以一个字母一种颜色输入"Photoshop"字样，如图 9-10 所示。

图 9-10　输入"Photoshop"字样

2）新建"图层 1"，填充黑色，并复制生成该图层 8 个副本，此时"图层"控制面板如图 9-11 所示。

图 9-11　"图层"控制面板

3）下面编辑每一帧对应的图层（暂时不匹配，这样便于统一操作）。首先将文字图层设置为最顶层，以方便观察，如图 9-12 所示。

图 9-12　将文字图层设置为最顶层

4）制作圆形选区，如图 9-13 所示。

图 9-13　制作圆形选区

5）设置"图层 1 拷贝 8"为当前图层，按 Delete 键删除选区内的内容。按键盘上的向右方向键移动选区，让选区将"h"字母框住，然后设置"图层 1 拷贝 7"为当前图层，按 Delete 键删除。以此类推，直到删除"图层 1"对应字母"p"的圆形区域。编辑图层后的"图层"控制面板如图 9-14 所示。

图 9-14　编辑图层后的"图层"控制面板

6）对应于每一帧的图层编辑完毕，下面匹配图层与每一帧的关系。首先将文字图层放置于"图层 1"之下，此时"图层"控制面板如图 9-15 所示。

图 9-15　调整文字图层位置后的"图层"控制面板

7）现在"时间轴"面板中显示出第一帧的缩略图，如图 9-16 所示。

图 9-16　显示出第一帧的缩略图

8）关闭"图层 1"～"图层 1 拷贝 7"的显示，匹配第一帧的图像，此时"时间轴"面板如图 9-17 所示。

图 9-17　匹配第一帧图像后的"时间轴"面板

9）单击"时间轴"面板中的 按钮，复制当前帧，然后关闭"图层 1 拷贝 8"的显示，并显示"图层 1 拷贝 7"，匹配第二帧的图像，此时"时间轴"面板如图 9-18 所示。

图 9-18 匹配第二帧图像后的"时间轴"面板

10）单击"时间轴"面板中的回按钮，复制当前帧，然后关闭"图层 1 拷贝 7"的显示，并显示"图层 1 拷贝 6"，匹配第三帧的图像。依此类推，直到匹配完成第九帧的图像（这里不改变每帧的时间延迟，都是 0s），完成动画的制作。此时"时间轴"面板如图 9-19 所示。

图 9-19 匹配第九帧图像后的"时间轴"面板

11）单击"时间轴"面板中的▶按钮，播放动画，可以看到"Photoshop"的 9 个字母相继在一个圆形的白色区域中显现的效果。

12）保存动画。执行"文件"→"导出"→"存储为 Web 所用格式"命令，在"优化"选项卡中将图像优化为 GIF 格式的文件，如图 9-20 所示。然后单击"存储"按钮，打开如图 9-21 所示的对话框，设置完成后单击"保存"按钮，以后就可使用该动画文件了。

在该示例中，如果想只保留动画的第一帧和第九帧，可在选中第一帧后单击"时间轴"面板中的█按钮，在打开的"过渡"对话框中如图 9-22 所示设置各选项，单击"确定"按钮，系统将自动在第一帧和第九帧之间创建 7 帧图像。此时"时间轴"面板如图 9-23 所示。

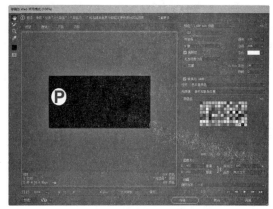

图 9-20 "优化"选项卡

图 9-21 "将优化结果存储为"对话框

图 9-22 "过渡"对话框

图 9-23 创建过渡后的"时间轴"面板

单击 ▶ 按钮可查看创建过渡后的动画效果。

9.1.3 优化图像

优化是微调图像显示品质和文件大小的过程。Photoshop 使用户可以在优化图像联机显示品质的同时,有效地控制图像文件的压缩大小。

优化图像有基本优化和精确优化两种方法。

1. 基本优化

采用基本优化方法时,Photoshop 2024 的"存储为"命令使用户可以将图像存储为 GIF、JPEG、PNG 或 BMP 文件,根据文件格式的不同,可以指定图像品质、背景透明度或杂边、颜色显示和下载方法。但是,添加到文件的任何 Web 特性(如切片、链接、动画和翻转)都不保留。

2. 精确优化

采用精确优化方法时,可以使用 Photoshop 2024 中的优化功能,以不同的文件格式和不同的文件属性预览优化图像。当预览图像时,用户可以同时查看图像的多个版本(双联、四联方式)并修改优化设置,选择最适合自己需要的设置组合,也可以指定透明度和杂边,选择用于控制仿色的选项,以及将图像大小调整到指定的像素尺寸或原大小的指定百分比。

要精确优化图像,可执行"文件"→"导出"→"存储为 Web 所用格式"命令,此时系统将打开如图 9-24 所示的"存储为 Web 所用格式"对话框。

图 9-24 "存储为 Web 所用格式"对话框

对话框右侧为优化输出各种参数的设置区,通过设置各种参数可以达到优化输出的目的,其中最上方的下拉列表中列出了系统自带的几种优化方案。左侧为预览区,下方的信息显示区显示了优化输出图像文件的格式、容量、选定调制解调器速度下载图像所需的时间等。

提示

要输出带透明区的图像,必须首先在原图像中进行设置,并且只有当输出图像文件格式为 GIF 时才允许保留透明区。用户可为不同的切片选择不同的输出格式。

选择"四联"选项卡,即可同时查看图像的 4 个优化版本,如图 9-25 所示。

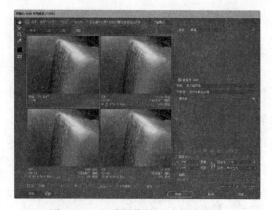

图 9-25 查看图像的 4 个优化版本

单击"预设"后面的▼≣按钮，将弹出如图 9-26 所示的快捷菜单，在其中可以选择"优化文件大小""编辑输出设置"等操作。

图 9-26 快捷菜单

执行快捷菜单中的"编辑输出设置"命令，可打开如图 9-27 所示的"输出设置"对话框。在该对话框中可设置 HTML 代码、网页背景图像和颜色、文件及切片命名方式等。

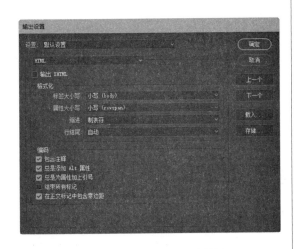

图 9-27 "输出设置"对话框

设置完成后，单击"确定"按钮，返回"存储为 Web 所用格式"对话框，单击该对话框右下角的"存储"按钮，将打开如图 9-28 所示的"将优化结果存储为"对话框。在该对话框中可设置保存类型（同时保存 HTML 与图像、仅保存 HTML 或仅保存图像）和输出切片的方式（输出全部切片或输出当前选中的切片）。对保存后的文件，如果以后要在网页中使用，只需简单地在网页中插入 HTML 文件即可。

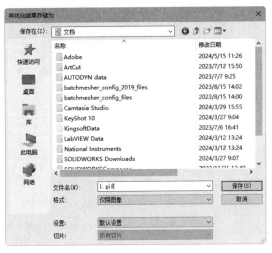

图 9-28 "将优化结果存储为"对话框

9.2 动手练练

1. 请用 Photoshop 为一幅图像制作切片，并为其建立超链接，然后利用"图层"控制面板制作翻转效果。

2. 用 Photoshop 制作变脸动画。

步骤如下：

1）打开如图 9-29 所示的素材图像，将它们放置于一幅图像的两个图层中。

2）使用"时间轴"面板制作两帧动画，分别对应上述两幅图像，如图 9-30 所示。

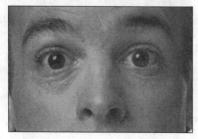

图 9-29　素材图像

图 9-30　制作两帧动画

3）单击![按钮]按钮，创建过渡（注意：选中"过渡"对话框中的"不透明度"复选框，过渡的帧数越多，变化越细致）。创建过渡后的"时间轴"面板如图 9-31 所示。

图 9-31　创建过渡后的"时间轴"面板